超实用！**省心装修手册**

安徽飞墨设计　编

江苏凤凰科学技术出版社·南京

图书在版编目（CIP）数据

超实用！省心装修手册 / 安徽飞墨设计编 . — 南京：
江苏凤凰科学技术出版社，2023.4
　ISBN 978-7-5713-3466-6

　Ⅰ . ①超… Ⅱ . ①安… Ⅲ . ①住宅 – 室内装饰设计 –
手册 Ⅳ . ① TU241-62

　中国国家版本馆 CIP 数据核字 (2023) 第 044024 号

超实用！　省心装修手册

编　　　者	安徽飞墨设计	
项 目 策 划	凤凰空间 / 刘立颖　冯　华	
责 任 编 辑	赵　研　刘屹立	
特 约 编 辑	刘立颖	
漫 画 设 计	冯润思	

出 版 发 行	江苏凤凰科学技术出版社
出版社地址	南京市湖南路1号A楼，邮编：210009
出版社网址	http://www.pspress.cn
总 经 销	天津凤凰空间文化传媒有限公司
总经销网址	http://www.ifengspace.cn
印　　　刷	北京博海升彩色印刷有限公司

开　　　本	710 mm×1 000 mm　1 / 16
印　　　张	16
字　　　数	128 000
版　　　次	2023年4月第1版
印　　　次	2023年4月第1次印刷

标 准 书 号	ISBN　978-7-5713-3466-6
定　　　价	79.80元

图书如有印装质量问题，可随时向销售部调换（电话：022-87893668）。

序

    设计是我一直坚持并且热爱的一件事。在我看来，设计可以反映居住者原本的生活状态，业主对未来生活方式的渴望和理想都是设计需要考虑的，不止于当下。

    在安徽飞墨设计的体系下，我们一直努力让好的设计发声、让好的作品得到更多的展示，以便向大众传递健康的生活态度，塑造丰富的生活方式，把我们多年来从实践中修炼的专业技能运用于生活。把效果图变成实景，让业主在装修新房过程中更加省心，是我们所追求的。

    实践是检验真理的唯一标准。安徽飞墨装饰设计工程有限公司成立十余载，我们从真实案例中精简总结，精心筹备两年多，凝结出了这本《超实用！省心装修手册》，希望通过这本书，让没有掌握装修复杂工程节点和施工细则的新手也能轻松了解整个家庭装修的流程、工艺和选材。

    全书通过图解装修的形式，向读者介绍装修过程中会遇到的设计与施工的各个关键环节以及容易"踩坑"的装修要点，包括装修前需要注意的事、拆除工程、水电工程、设备工程、地面工程、墙面工程、吊顶工程、门窗工程八大类共计 23 个小节的内容，覆盖装修预算控制、装修施工节点以及家居选材。

    精简化、细节化、全面化、流程化的归纳总结，让设计施工内容一步到位，省时省力省心。

    《考工记》："天有时，地有气，材有美，工有巧，合此四者，然后可以为良。"从设计创造、实景落地到营造生活，我们希望在漫长的装修修行中，每一位业主都可以轻松参与，营造自己理想的生活。

安徽飞墨装饰设计工程有限公司总顾问　李秀玲

目录

第 1 章

新房装修前
需要注意的事

搞懂需求需要回答的 16 个问题

装修公司怎么选

装修施工流程

控制预算，装修出最好的房

搞懂需求需要回答的 16 个问题

想装修出自己喜欢的房子，首先要搞懂自己的真实需求是什么。很多业主之所以对装修无从下手，是因为根本不知道自己的需求是什么。其实，梳理自己的需求并不是一件难事，回答下面 16 个问题就好。

问 家庭的常住人口有多少？

A. 一人独居
B. 二人世界
C. 三口之家
D. 四口人及以上

问 居住者的年龄层次，是否与老人同住？

A. 年轻人居住，无老人，无小孩
B. 家中有小孩
C. 与父母同住
D. 三代同堂

问 房屋居室是否够住？有无改户型需求？

A. 够住，刚需房
B. 够住，改善型住宅
C. 不够住，需要改户型

问 居住者的职业、爱好，有无特殊需求？

A. 无
B. 想要书房、工作间
C. 想要衣帽间
D. 想要休闲区

问 家里是否养宠物或有养宠物的打算？

A. 养宠物
B. 不养宠物

问 有没有喜欢的装修风格？

当下主流装修风格有：轻奢风、简约风、北欧风、日式风、法式风、侘寂风、现代风、工业风、新中式。

轻奢风

简约风

北欧风

日式风

法式风

侘寂风

现代风

工业风

新中式

问 装修总预算是多少？

每个业主预算都不一样，要根据实际情况而定。

问 选择什么样的装修方式？

装修不仅花钱，而且需要时间和精力。现在市场上最常见的装修方式有三种：全包、半包、清包。业主可根据自己的情况选择合适的装修方式。

不同装修方式的特点及适用人群

装修方式	特点	适用人群
全包	装修的所有事项都由装修公司管，业主只负责出钱和入住	有钱没闲，预算比较充足的人群
半包	装修公司负责设计、购买辅材和施工，主材由业主自己购买	有一定时间，对生活品质要求更高，不嫌麻烦，愿意参与装修过程的人群
清包	从设计、选材到验收全部由业主自己完成，装修公司只负责具体的施工	预算紧张，时间充足，装修经验足的人群

问 对于玄关有什么非常想要的功能？

A. 收纳
B. 保护隐私

问 对于客厅有什么特殊的想法?

A. 传统客厅
B. 个性化客厅

问 对于餐厅有什么想要的功能?

A. 收纳
B. 西厨
C. 其他

问 对于厨房有什么希望能通过装修实现的功能?

A. 暗厨采光
B. 超强收纳
C. 开放式厨房

问 关于卧室，有什么自己的想法?

A. 个性化
B. 多收纳
C. 舒适度

问 对于儿童房有什么自己的想法？

A. 传统儿童房
B. 趣味儿童房
C. 两个孩子住一个儿童房

问 对于卫浴设计有什么自己的看法？

A. 干湿分离
B. 需要浴缸
C. 需要收纳

问 对于阳台，打算设计成生活阳台还是休闲阳台?

A. 生活阳台，洗衣、晾晒、收纳
B. 休闲阳台，养花、种草、赏月、吹风

装修最重要的不是对家的无差别填充，而是通过设计规划，装修出最适合自己的家，因此，弄清自己的需求真的很重要!

装修公司怎么选

现代生活节奏快，很多忙于工作的业主选择把装修这件大事交给专业的人去做。但隔行如隔山，作为普通的装修"小白"，如何选择装修公司才能省时、省心、省钱地把家装修成最理想的样子呢？

1 装修公司的种类

当下市场上的装修公司主要有两大类：

传统装修公司

传统的装修公司往往不太注重设计，很多都是按照装修模板设计，不太具备自主创新能力。当然，这样的设计普遍都是免费的。如果对家居舒适度、功能性、艺术感要求较高，那么传统装修公司并不是一个很好的选择。

设计装修公司

设计类的装修公司是在传统装修公司的基础上，增添了强有力的设计团队，在户型改造、空间设计、艺术审美等方面更加优秀。

个性化的装修方案

◆ **个性化定制服务**

设计公司可以根据业主的实际居住需求来量身定制设计方案，让每一个家都是专属的、个性化的。

◆ **所见即所得**

靠谱的设计公司对效果图和实景的把控能力很强，能够最大限度地将效果图还原，让业主所见即所得。

效果图

空间实景

◆ 全程跟踪服务

从设计到施工再到售后，设计师会全程跟踪，让业主更放心，更省心，售后更有保障。

看口碑

◆ 问亲友

直接询问身边的亲友、同事有没有推荐的装修公司，最好是他们之前有过合作的，这样可以最直观地了解这家装修公司。如果亲友、同事推荐的装修公司内部有他们的熟人或亲戚，建议多方考量后再决定要不要选择。

◆ 网上查询

可以在"拓者设计吧"等专业的网站平台，或者一些可以查询口碑的 APP 上进行搜索，然后把服务和信誉口碑都比较好的装修公司记录下来，以便进一步了解。

看规模

积累若干家自己觉得还不错的装修公司，从里面筛选出能及时回复、讲信誉、口碑好的公司进行重点考察。

实地考察装修公司的办公场地、设计团队、施工团队是否具有一定的规模；也可以在"天眼查"网站上了解装修公司的工商信息、组织结构、债权人等相关信息，要注意看营业执照上的公司名称与实际是否吻合。

看设计师

设计师是装修公司实力的体现，有实力的装修公司会聘用比较优秀的设计师。当我们说出对于家的期许和要求时，设计师给我们的回应应当是结合了我们自身的需要以及对房屋本身的考量。一个好的设计师不仅考虑事情周全，而且要能深入挖掘业主的居住细节。如果设计师只是把自己的过往作品吹得天花乱坠，一点都不聊业主的生活习惯，那基本不靠谱。

看工程是否外包

有的装修公司的施工团队是外包的，后期施工质量没有很好的保障，一旦出现问题，很难追究责任。如果装修公司有自己的施工团队，那么公司会全权负责售后，业主可以更放心！

看报价

看报价不是看总报价，而是看项目的单价和施工的项目是否齐全。因为若把单价提高、减少项目，总报价也会低。后期若增项，则需要加钱。

看报价是否详细，是否列明了所用材料的品牌、规格和型号。例如，柜子用的材料是什么材质？每平方米的价格是多少？需要多少平方米的板材？

报价应写明工艺。例如，防水怎么做？乳胶漆刷几遍？

小项目是否漏项。例如，搬运费、坐便器移位、地面找平等。

 注意！

应选择可以给出详尽材料单的公司。如果不能给出，那就可能是对自家使用的材料不够自信。

报价单

序号	项目名称	单位	数量	单价（元）	小计	工艺做法及材料说明
主卧室						
1	挂网格	m²	×××	×××	×××	…
2	墙面、顶面滚刷墙面固化剂	m²	×××	×××	×××	…
3	墙面打磨	m²	×××	×××	×××	…
4	铺地砖	m²	×××	×××	×××	…
…	…					
次卧室						
1	墙面、顶面滚刷墙面固化剂	m²	×××	×××	×××	…
2	石膏素线	m	×××	×××	×××	…
3	踢脚砖粘贴	m	×××	×××	×××	…

看图纸是否齐全

正规的装修公司应该为业主提供全套图纸，包括设计方案图、墙体拆改图、水电图、平面功能布局图、立面图、装饰图、施工图、效果图等。

看工地

工地是装修公司正规与否最直接的体现。

◆看卫生

工地不要求非常整洁，但要基本干净，装修材料要码放有序。

码放有序的施工材料

卫生情况良好

规范的管道铺陈和细节工艺

◆看施工的工艺

水电：要看管道铺陈是否横平竖直，转弯处应圆润、无开裂。

吊顶：吊顶的石膏板造型要平整流畅，板面接缝处要平整、严密、无损坏。

瓦工：铺贴的四块砖的交接处是否在一个平面，缝隙是否保持一样大小。

木工：隔板与搁板衔接处的缝隙是否处理得很细致。

油漆：涂刷是否光滑、平整，颜色是否均匀。

看付款模式

比较靠谱的装修公司都是分阶段付款的，这样的付款方式有保障，业主也更加放心。

3 看合同

提前确认装修设计方案和装修预算。

注意合同中对装修材料、装修项目的具体要求和完工日期是否明确。如：施工图纸上哪些是装修公司负责的，哪些是业主自己需要买的？哪些东西只报了单价，没报数量？水电隐蔽工程以及其他工程分别质保多久？

看清付款方式，不要在施工结束前就把款项结清。

装修施工流程

装修中的各项流程步骤环环相扣，哪一部分没有衔接好或者施工出现问题都会直接影响到后期的居住体验。因此，在装修前了解完整的施工流程以及注意事项十分重要。

1 开工交底

在开工当天，业主、设计师、项目经理（工长）三方到场，核对并确认房屋整体设计及改造方案。

2 拆除新建

若是老房或二手房改造，则要根据设计需求进行原始装修拆除；若需要新建墙体，则在拆除后新建。

若房屋是毛坯房，则根据设计对需要改造的空间进行拆除或新建。

新建墙体

 注意！

①承重墙、承重柱、梁体不能拆。

②拆除后，要将垃圾清运离场。

3 水电改造

水电交底

业主、设计师、项目经理或水电师傅，三方一起进行水电交底，内容包括：

①用水和用电设备的种类和位置。

②开关插座的数量和具体位置。

③灯具照明系统的类型、数量和位置。

④若有中央空调、新风系统、地暖或者暖气，也需要将相关人员约至现场共同确认水电布局和细节。

水电线路改造

水电施工改造流程

水电预估→材料进场→放线开槽→强弱电布管→排水布管→强电箱整理→现场清理。

电路布管

水电验收

水电施工结束后需要验收，验收合格后才可以封槽。

4
泥瓦工程

泥瓦工程流程：包管道施工→墙面基层处理→涂刷墙面防水→铺贴墙砖→涂刷地面防水→闭水试验→铺贴地砖→清理保护→标注标识。

铺贴墙砖 　　　　　　　　标注标识

📎 注意！

标注标识就是把隐藏在墙体内部和墙砖下面的水管、电线的位置和走向标注清楚，以便后期柜体、灯具等的安装。

5
木工工程

木工工程主要包含石膏板吊顶、窗帘盒、全屋柜体、地台、门及门套、窗套、墙面护墙、岛台桌子等。

除了吊顶和窗帘盒需要现场制作之外，全屋柜体、门和门套、窗套、护墙等既可以现场制作，也可以选择定制安装。

吊顶

6

油漆工程

油漆工程主要是墙面、顶面以及现场木质表面的油漆施工项目。若无现场木制作，则就只有墙面和顶面的乳胶漆施工。

顶面施工　　　　　　　　　　墙面施工

木质表面施工　　　　　　　　乳胶漆施工

乳胶漆施工结束

 注意！

①墙面的乳胶漆施工要刷一遍底漆、两遍面漆。

②避免在阴雨天气进行油漆施工，空气湿度大，油漆干得慢，完工后效果也不好。

③面漆的涂刷方式有滚涂和喷涂。滚涂质感好，易修补，但会有花印；喷涂效率高，更光滑，好施工，但是用漆量大。

④在木器漆施工时，一定要把五金包起来，防止被漆污染。

23

陆续进场安装的项目有：

①墙纸、墙布以及护墙。

②厨卫集成吊顶。

③木地板、踢脚线。

④各种定制柜体、室内门、门套、窗套。

⑤开关插座、电器、灯具。

⑥卫浴洁具等。

待以上项目安装结束后，需要先做一遍保洁，让全屋以干净的状态迎接各种软装家具进场。

安装完成

通风是零成本除甲醛的方式！当然，通风也是有讲究的，并不是一天到晚门窗大开。高效通风技巧如下：

①雨天、大风天、冬天温度过低，不建议通风，避免特殊天气对墙面或家具造成破坏。

②通风黄金时间是上午 10:00—下午 4:00。此外，夏季是除甲醛的最佳季节，冬季则可以利用空调或供暖设备增加室内温度，加速甲醛挥发。

③通风的时候，要打开全屋柜门进行柜体通风。

④通风不好的户型，可以借助大功率风扇增强空气流通。但要注意不要对着墙面、柜体吹，防止造成硬装损伤。也可借助新风系统进行 24 小时通风换气。

装修从开始到结束少则耗时三五个月，多则近一年。提前了解装修流程，明确装修步骤，可以让整个装修过程衔接有序、效率提高，何乐而不为呢？

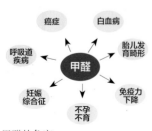

甲醛的危害

控制预算，装修出最好的房

100m² 左右的房子，是市场上比较常见的刚需房。这个面积的房子究竟要花多少钱装修比较合适？怎样才能花最少的钱装修出最好的房子呢？

1

预算
10 万元

正常来说，装修预算要划分为三个部分：装修费（硬装），家具费（桌椅、板凳、柜子软装），家电费（空调、冰箱、洗衣机等）。这三者之间有一个黄金比，即 2：2：1。

若总预算只有 10 万元，那能分给硬装的预算就只有 4 万元。需要减少拆改和现场制作的收纳柜体等硬装，后期主要靠家具填充。如果想增加一些现场做的柜体，就要增加一些硬装费用，最终合计大概 6 万元，这样装修出来的效果就是最简单的乳胶漆大白墙和经济适用型地砖或地板。

若想 10 万元完成装修，拎包入住，你需要：

装修方式选清包

预算 10 万元的业主需要亲自动手或是请"马路装修队"，这样会省一些人工费。不过，虽然请"马路装修队"会省一点费用，但施工品质和售后无法保证。

经济适用型地砖

简单的乳胶漆

自己做设计

请设计师需要花钱，业主自己做设计可以省了设计费，但是设计效果取决于业主的能力和审美。

水电少改动

水电应少改动或不改。毕竟对于新房来说，基础居住需求是可以满足的。普通预算很难实现高级的无主灯设计，毕竟改线路和买灯具都需要花钱。

家电、家具选择经济型

生活必需的家电如空调、冰箱、洗衣机、吸油烟机、燃气灶、热水器等，若都选择经济适用型的，则用2万元就可以搞定。中央空调、新风系统实现不了，因为它们价格贵，而且需要吊顶的费用。

沙发、茶几、电视柜和床这些家具，如果选择经济款的，2万元也能搞定。

一般情况下，用4万~6万元的半包价搞定硬装，剩下的钱就可以全部留给软装。总的来说，减少不必要的开销，选择性价比高的产品，10万元装修预算也是可以勉强实现的。

2 预算 30万元

若装修预算为30万元，按照黄金比例来算的话，硬装费用一般在8万~12万元。

130 m²，半包9万元

92 m²，半包 10 万元

110 m²，半包 11 万元

同样是 100 m² 的户型，相较于花 10 万元装修，花 30 万元的朋友为什么会多花这 20 万元呢？原因有以下几点：

将空间布局改善

不合理的空间需要设计师根据业主需求重新规划，涉及的拆改、新建是需要花钱的。虽然不一定是"大锤 80、小锤 40"的价格，但也一定是真金白银的费用。

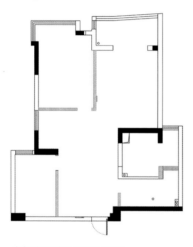

空间布局改善前的平面图

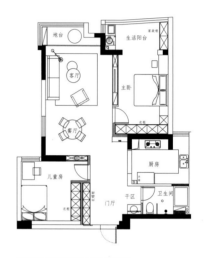

空间布局改善后的平面图

当然，花费几千甚至几万元改善空间布局带来对居住需求的满足和舒适度的提升都是值得的。

将视觉效果优化

若觉得纯色的乳胶漆墙面过于单调，可以增加色彩，选择拼色墙丰富视觉效果。

拼色墙

若觉得纯粹的乳胶漆墙面不够立体，也可以增加墙咔、木饰面、护墙板、石膏线、异型砖等来优化墙面空间的视觉效果。

石膏线造型

异型砖墙面

墙咔与木饰面

将家居质感提升

不管什么样的家具，都有经济款和高端款之分。正常情况下，高端款产品的质感会更好，所打造出的整体家居档次也会更高。

高档的定制柜体

现场打的柜体

将居家舒适度提高

　　将全屋手动窗帘升级为电动窗帘，需要多花 5000 元。选择无主灯设计替代传统的客厅吊灯，这就需要各种组合灯具和电路改造，得多花 1 万多元。

电动窗帘

无主灯设计

　　如果为了不让孩子触碰到冰冷的墙面而增加软包，也需要多花几千元。

室内软包装饰

装修出什么样的家，主要看自己的需求和预算。控制预算，可以从四个方面入手。

轻硬装，重软装

即在保证硬装质量的前提下，减少硬装配饰，尽量用软装体现风格。

轻硬装，重软装

规避烧钱的风格

相较于北欧风、日式、简约风来说，轻奢、美式、新中式等风格花费相对较高。

不盲目跟风

别人家有的，自己家不一定就要有。不盲目跟风也是理性装修的一个关键点，尤其是一些特殊设计，一定要确认有用再选择。如是否安装暗装踢脚线（暗装踢脚线有两种，平墙式和入墙式）。

入墙式踢脚线需要切割墙角，对工艺的要求高，这样一来，施工费用就是一笔较大的支出

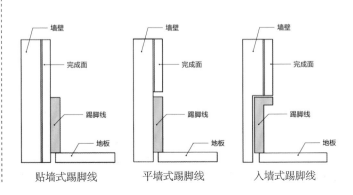

贴墙式踢脚线　　　平墙式踢脚线　　　入墙式踢脚线

不冲动消费

冲动消费是装修大忌。选择硬装主材时，要连同它的人工费一起考虑。

◆ 马赛克瓷砖

小面积的异型砖或六角砖，虽然颜值高，但是价格也高，施工费更高。此外，瓷砖间缝隙也多，若选择美缝，美缝的价格也不可小觑！

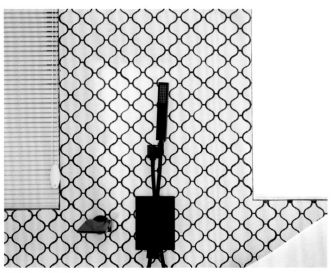

马赛克瓷砖缝隙多

如果想省钱，尽量少选马赛克瓷砖。可以用大块的拼接马赛克砖替代。既可获得马赛克砖的颜值，铺贴工费又低，美缝数量也少。

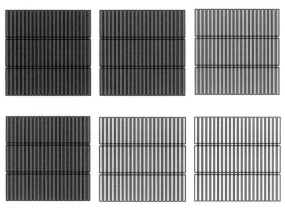

拼接马赛克瓷砖

◆全屋无主灯

无主灯照明设计虽然可以让全屋照明角度更完善、家居环境更高级，但是它的实现成本比主灯照明设计高也是事实。

无主灯照明设计主要贵在两个方面：

①灯具成本。

主灯照明设计只需购买一个主灯即可，而无主灯照明设计则需要买多种灯具，且每种灯具的数量不止一个。

无主灯照明设计

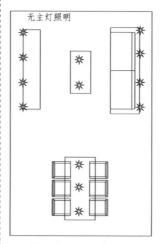
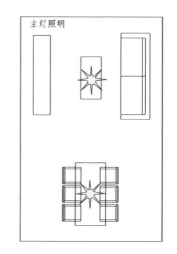

灯具数量对比

②电路改造成本。

主灯照明设计只需要在天花板中间布一条线路即可，而无主灯照明设计需要根据设计需求布多条线路，对电工的专业技术要求更高，并且相关辅材价格也会更贵。

所以，想要控制成本，可选择局部空间用无主灯照明设计。如客厅采用无主灯照明设计，餐厅、卧室等空间采用主灯照明设计。

餐厅主灯照明设计

无主灯照明设计需布多条线路

◆ 全屋吊顶

全屋吊顶的花费少则几千元，多则上万元，若不是为了隐藏电器设备，其实可以选择不做吊顶。若安装新风系统、中央空调，可以选择局部边吊，这样既省钱，还不降低整体净高。

注意！

买装修材料一定要多对比，选择出最具性价比的。

局部边吊

第 **2** 章

拆除工程

这些墙千万别乱动

恰到好处的拆改，让家更好住

精装房教科书级改造法

这些墙千万别乱动

无论是新房装修还是二手房装修，很多人在收房后总是不满意原有户型的结构，想根据自己的设计拆改一番。但是装修拆改不能任意而为，需要研究建筑的结构，学会辨别承重墙、非承重墙、配重墙。

1 认识承重墙、非承重墙、配重墙

承重墙

承重墙是在房屋建筑结构中支撑上部楼层重量的墙。如果拆掉，会对整栋楼的安全造成影响。

承重墙

非承重墙

非承重墙是不承载上部建筑重量的后砌墙体，主要在房子内部起分割空间的作用。

它们不承受重量，如果拆除，对房屋的安全性几乎没有影响。

非承重墙

配重墙

当阳台设计成从砌体墙内伸出悬挑梁时，悬挑梁所在的墙体中，压在挑梁上的那部分墙被称为配重墙。

配重墙的作用是平衡阳台荷载，如果拆掉，阳台有倾覆风险。

配重墙

户型设计需砸墙

按照户型设计拆改后，空间会更加合理、舒适。

原有的户型图（黑色墙体为承重墙）

2

为什么要区分承重墙、非承重墙、配重墙

注意！

只有非承重墙才能拆！

拆改后实景图 1

拆改后实景图 2

💡 **注意!**

①建议非承重墙开槽长度小于 60 cm，承重墙小于 30 cm。

②建议承重墙墙面尽量少开横槽，避免影响承重。

③开槽深度需比水路线管管径多 1.5 cm 左右，比电线管管径多 1 cm 左右。

3

如何辨别不同墙体

水电改造需凿墙

如果不改造房型、不拆墙，就不用分辨承重墙、非承重墙和配重墙了吗？不，水电改造凿墙也需要辨认。

改造电路

有户型图时

通常，在户型图中，黑色墙体为承重墙，灰色或浅色墙体为非承重墙。

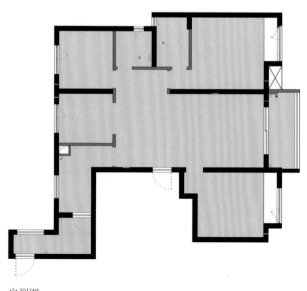

户型图

测量墙体厚度

无户型图时

有些房子年份太久，户型图丢失。这时候，辨别墙体就有点难度了。可用的辨别方法为：

◆ 看厚度

承重墙一般都会比非承重墙厚，厚度在 150 mm 或以上的基本都是承重墙。用尺子量一下，就能辨别啦！

◆ 听声音

敲击时，非承重墙的声音比较清脆，承重墙的声音则比较沉闷。

◆ 看位置

外墙以及与邻居家共享的墙，都是承重墙。

观察外墙

◆ 使用钢筋扫描仪

可以使用钢筋扫描仪辨别，承重墙内部有钢筋，非承重墙则没有。

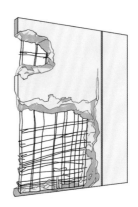
承重墙内部

恰到好处的拆改，让家更好住

装修预算有限时，住宅内部结构要不要拆改确实是个值得思考的问题。毕竟，按照"小锤 40、大锤 80"来算，拆堵墙也要花费不少的费用，建墙当然也得另算。

一切设计和拆改规划，都要按照实际的生活需求进行。若原始户型非常符合自己的居住需求，那就没有拆改的必要。拆改墙体的原因有以下几个：

1 想要改善采光

拆除客厅与阳台之前的隔墙或玻璃门，光线无遮挡进入，能让空间更显大，而且还能将阳台改成其他功能区。这是最常见的一种空间拆改方式，使用率非常高。

改造前

改造后

干区外移，用玻璃隔断代替实体隔墙，采光会更好

2

想要开放式布局

开放式布局让房间宽敞、通透，还能提高空间利用率。

①完全打通空间
②增加岛台功能
③电器全部嵌入
④手工柜体严丝合缝

原始户型图   改造后平面图

餐厨空间被改造成完全开放式

3
想要独立的衣帽间

每个人都希望拥有一个独立衣帽间，在空间有限的情况下如何实现呢？拆改！

① 主卧重新布局，设计套间
② 打掉卫生间与卧室之间的墙体，合理缩小卫生间面积
③ 再向卧室借一部分面积，打造"二"字形衣帽间

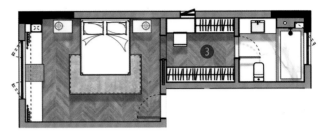

改造后的卧室、卫生间、衣帽间平面图

原始户型图

拆除主卧与主卫间的隔墙，将主卫空间缩小，挤出了一个"二"字形衣帽间

若不想要主卫，也可以直接将主卫改成衣帽间。

原始户型图

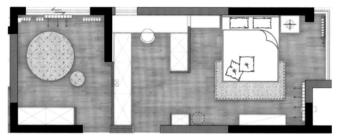

改造后的衣帽间和卧室平面图

将主卫改成衣帽间

若主卫面积小，做衣帽间有点不够宽裕怎么办？那就扩大点。

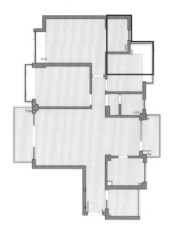

原始户型图

改造后的主卧和衣帽间平面图

改造后的衣帽间

4

想要扩大
卫生间

不管是刚需小户型，还是改善大户型，经常会遇到满足不了自己需求的小面积卫生间。这时我们可以借助相邻空间，扩大卫生间使用面积。

原始户型图

改造后的卫生间平面图

改造后的卫生间

5

想要缩短长走道

室内有长走道的户型也很常见，想要提高长长的走道的利用率，最实用的方式就是拆改相邻墙体，将走道并入其他空间，增加其功能性。

将相邻两个卧室结合中间的走道一起合并，原来的长走道直接被缩短约 1/3。

原始户型图

改造后平面图

改造后的走道

通过拆掉三堵墙形成一个大的餐厅。

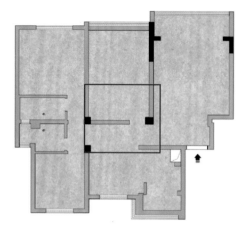

原始户型图

改造后平面图

改造后餐厅实景

精装房教科书级改造法

选择了精装房的业主，想必大多都是为了节省装修精力。然而，现在很多的精装房都是清一色的红门白墙黄地板。不怎么好看就罢了，和邻居家一模一样的流水线风格，才是最令人窒息的。试问，谁不想拥有一个独一无二的家呢？

流水线风格的精装修

独具特色的装修风格

每个人都希望自己的家温馨、漂亮、独具一格，但是为什么那么多人依然没有选择改造精装房而是直接入住呢？

改造前   改造后

原因主要有：

①经济成本上升，买房已经花了装修的钱，拆改又要花更多的钱。

②时间成本上升，本来可以直接入住，如果选择改造，可能会耽误很长一段时间。

考虑到经济和时间成本，改造精装房确实没有直接搬进去住划算。

改造前   改造后

改造前

改造后

吊顶改造前

吊顶改造后

2 硬装改造

为了有更好的居住体验，从硬装开始整改，效果自然是最好的。

拆吊顶

吊顶对房子整体美观度的影响不会太大，如果开发商做的吊顶不影响净高，是可以不拆的。

如果开发商做的吊顶缩减了净高，或者房子准备加装新风系统、中央空调等，可以选择将吊顶拆掉重做。若厨房区域的吊顶不耐油污、不好清洁，也可以拆掉重做。

厨房吊顶改造前

厨房吊顶改造后

💡 **注意！**

①如果吊顶里已经加装了新风系统、中央空调，那么拆改成本比较高，要慎重考虑。

②如果吊顶只是装饰，只加了灯具，是完全可拆的。

要点 👆

门窗、踢脚线拆改内容包括：

门体、门套、踢脚线（建议要拆就三者一起拆，后期改造好搭配）、滑轨（推拉门）

拆门窗、踢脚线

门窗拆改属于拆改项目中相对简单的，且相对于地面、墙面，拆改的经济成本也较低。

门窗拆改前

门窗拆改后

改造前

改造后的门窗、踢脚线

拆背景墙和壁纸

电视背景墙在某种成程度上代表了家装的格调，不能凸显家装格调的电视背景墙当然也可以拆掉。

精装房中的原始电视背景墙

除了背景墙，开发商给我们设计的其他壁纸、墙面装饰，也都可以拆除，拆除后可以根据个人喜好、整体风格进行改造。

改造前　　　　　　　　改造后的沙发背景墙

拆地面

如果开发商铺设的地板或地砖不是你喜欢的，那就拆吧。

铺设自己喜欢的地板

拆家具

精装房自带的一些固定的柜体，如橱柜、镜柜，颜值和空间利用方式未必符合你的想法，可以对其进行改造。

精装房的拆改，主要体现在"拆"字上面。拆完之后，装修流程就和正常装修一样了。可先确定喜爱的风格，再让设计师设计。

改造前

改造后

3

软搭改造

改造精装房时，拆除的过程虽然痛快，但是每拆 $1m^2$ 都要花费双倍的费用。所以在预算有限的情况下，可以通过软装搭配来拯救整体家居的颜值。

通过软装营造整体家居氛围

精装房主要有三丑：地板、墙面、红门框。

地板

其实地板才是软搭改造的最大难题，尤其是酱色地板。

◆选同色系家具

我们可以选择与地板同色系的软装如棕色的家具，弱化地板的厚重感。

与地板同色系的沙发、柜体、窗帘

◆铺地毯

灰色地毯百塔，深色地板选浅色地毯，浅色地板选深色地毯。

灰色地毯

浅色地毯

颜色较深的地毯

◆ 铺地板

地砖与地板、地板与地板组合都是可行的改造办法，但是会牺牲一定的净高。

如果选择在地板上面铺地板，那么与原本地面的高度差不能超过 3 cm。

重铺地板

墙面

如果开发商给的墙面是大白墙，那么可改的方法真的很多。墙面平整的情况下，打磨一下就可以直接刷漆了。

◆ 刷乳胶漆

要点 👆

①乳胶漆色系选择可以根据家居风格来定。

②整体色系建议上浅下深，如果地面是酱色，墙面建议选择浅色系。

③家居配色不要太花，除了黑白灰，同一个空间内不要超过 3 种颜色。

④色彩搭配比例，背景色：主题色：点缀色 =7：2：1。

米黄色与绿色乳胶漆的巧妙搭配

◆墙纸、墙布

墙布

要点 👆

根据预算选墙面装饰材料。

如果有足够的预算，又追求档次和质感，可以选择墙布；如果预算不多，更追求性价比，则建议选择乳胶漆或是墙纸。

墙纸

墙纸

◆墙面造型

有线条感的墙面装饰，适合现代简约风、极简风的设计。

木饰面板适合北欧风、简约风、日式风的设计。

石膏线适合美式、法式的设计。

线条装饰

石膏线

木饰面板

集成墙面适合新中式、现代简约风的设计。选择墙面装饰之前，要先确定自己家的装修风格及方向。

集成墙面

◆ 定制柜子

定制柜子，既可装饰空间也可用于收纳。定制一个顶天立地的柜子，既能完全将墙面遮挡，又兼具超大容量的收纳功能，可谓一举两得。

定制柜子

◆挂画装饰

可以用装饰品来提高墙面的颜值，如摆件、挂画、时钟。

挂画

门

防盗门可以通过刷漆和贴隔声毡来改变造型和颜色。卧室门的改造，分为两种情况：

①实木门可以直接通过刷漆改变颜色。

②实木复合门可通过处理掉外层的贴皮来改颜色。

这样操作的成本也不低，和买一个新门的价格差不了太多。业主需慎重考虑一下，是换门还是改颜色。

防盗门改造：贴隔声毡

第 3 章

水电工程

电路规划的细节要记牢

水电施工是硬装中最复杂的工程之一。在水电施工前，我们就要规划好施工的具体细节，不要等到改造过程中才想起来补充或者修改，既耽误工期，又浪费金钱。

1 电路规划

装修前确定好电器安装细节

各种电器所使用的开关、电线材料是不一样的。所以，电路改造在正式施工之前，要确定好空调、洗衣机、洗碗机、新风系统等所有家电的各自位置、使用功率和安装要求。

冰箱

新风系统

洗衣机

洗碗机

双控开关设计

装修的时候如果忽略了双控开关的安装，那么到了冬天晚上休息要关灯的时候，一定会非常困扰。

所以，水电施工前，开关控制点位、控制方式，都一定要提前规划好。

床头的双控开关

插座

　　插座不够，插排来凑。这是很多人入住新家后使用各种电器时的常态。想要避免这种尴尬，水电改造前要将所有插座的类型、数量、位置确认好。

厨房家电使用频率较高，需要提前规划插座的数量和位置，也可多设预设

2
材料选择

　　如果问装修的哪一部分最不能省钱，那必须是材料部分。尤其是这种水电隐蔽工程的材料，如果有问题，那么极容易带来安全隐患，且后期维修也麻烦。

规范的水电线路

注意!

① 常规电线应选择截面 2.5 mm² 的铜芯线，空调热水器电线选择截面 4～6 mm² 的铜芯线。

② 所有入墙电线应采用 ϕ16 mm 或 ϕ20 mm 以上的 PVC(聚氯乙烯)阻燃管。

③ 根据电器功率选插座，大功率电器应选 16A 插座，普通电器选 10A 插座。

④ 若家里有宝宝，一定要选择带误触保护的插座。

开关、插座数量清单

使用空间	开关、插座类型	数量	位置、用途
玄关	一开双控	1	玄关开关、客餐厅灯光控制
	插座	1～3	冬季烘鞋器、手机充电器
客厅	一开双控	≥1	有主灯设计 1 个开关，无主灯设计根据灯具数量增加开关
	三孔带开关插座	1	控制空调
	电视插座	1	电视机接线
	四孔插座	2	电视机、机顶盒等
	五孔插座	7～8	落地灯、电脑、加湿器、投影仪、游戏机、台灯等
卧室	一开双控	4	控制卧室灯
	五孔带 USB	1～2	手机充电器、台灯
	三孔带开关插座	1	控制空调
	五孔插座	2～3	床头灯、梳妆台照明
餐厅	一开双控	1	控制餐厅灯
	五孔插座（带开关）	3	咖啡机、热水壶
厨房	一开单控	1	控制厨房灯
	三孔插座	2～6	控制冰箱、净水器、垃圾处理器、小厨宝、消毒柜、洗碗机
	一开五孔（带开关）	3～4	微波炉、烤箱、破壁机、电压力锅等
卫生间	一开单控	1～3	控制卫生间灯、灯暖、风暖（自带开关）、镜前灯
	五孔插座（带防溅盒）	1	坐便器
	五孔插座	3	吹风机、洗衣机、电发棒
书房兼次卧	一开双控	1	控制照明
	五孔带 USB	2	书桌、床头
	三孔带开关插座	1	控制空调

用水改造

在家居生活中，水是必不可少的。因此，家庭用水改造的规划直接关系到日后家居生活的品质和舒适度。

1

用水需求

家居生活用水需求主要是洗菜煮饭、泡茶饮用、洗衣洗澡，以及浇花拖地。这些用水活动所涉及的空间，主要有厨房、卫生间、阳台、西厨、水吧区和玄关洗手台。

卫生间的坐便器、淋浴、浴缸

阳台洗衣区

水吧区

西厨区

玄关洗手台

进水规划

　　进水的规划按照每个空间的需求设计即可。这里强调一下，关于热水的规划，建议安装全屋热水系统。若没有安排全屋热水系统，那冬天需要手洗的衣物、餐具等只能用冷水洗或改在其他有热水的空间里洗，太不方便。全屋热水系统可以通过小厨宝、即热水龙头、热水循环系统来实现，安装后屋内各个区域都可以接到热水，想装的业主，需要提前规划好。

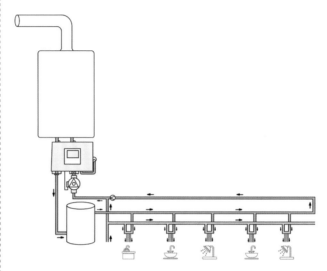

全屋热水循环系统工作原理

安装全屋热水循环系统后，使用热水更方便

排水改造

　　常规的排水就是地排，即排水口在地上。这样的排水管周围易形成卫生死角，会增加家务量。若想避免这类问题，可以选择墙排的排水方式，在水路改造的时候，直接将排水管移到墙内即可。

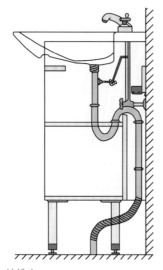

地排水

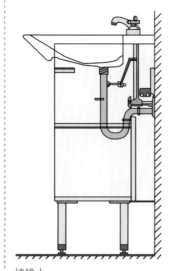

墙排水

4分管（20*3.4） 6分管（25*3.5）

4分管和6分管

◆**管材选择**

①进水管：现在市场上用的水管以 PPR（三型聚丙烯）管为主，这种材质的水管安全无毒、施工方便且价格便宜，性能较为稳定。

家庭用的 PPR 水管有两种规格：4 分管和 6 分管。4 分管的外径是 20 mm，6 分管的外径是 25 mm。现在的商品房入户水管基本上都是 6 分管，大家在室内水管的选择上可以全部都选 6 分管，或者主水管选 6 分管，分水管选 4 分管。还有一点，PPR 水管的冷水管不可做热水管用，而热水管可以当冷水管用。大家在购买水管的时候一定要注意。

②排水管：目前市场上的排水管主要是 PVC 管，管径有 110 mm、75 mm、50 mm、40 mm 这几种。一般前两种多用于坐便器，后两种多用于普通的洗手台、水槽等的下水。从使用角度来说，排水管宁大勿小，以降低堵塞概率。

③常用的水管配件：如下图所示。

排水管

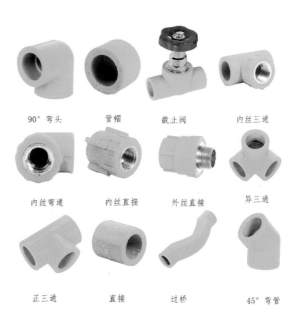

常用的水管配件

水管开槽与管道排布

◆ **开槽布管**

水管的开槽排布也是有讲究的：

①水管、电线不同槽。

水管槽的深度一般比管径多 15 mm，必须用专用的管卡固定水管。若水管、电线遇到交叉，则电线在上，水管在下。

②水管走向。

能走顶不走地，能走竖不走横。

③左热右冷。

冷、热水管排布的时候，要热水管在左边，冷水管在右边。

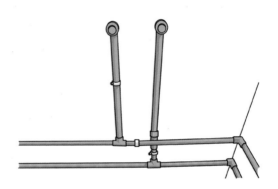

冷、热水管排布

◆ **合并排水**

当有两个及以上的分下水口汇集到一个主下水地漏时，使用 135° 三通或 135° 弯头连接，以免反冒水或泡沫。使用移位器移位时，移位距离应小于 1.8 m。

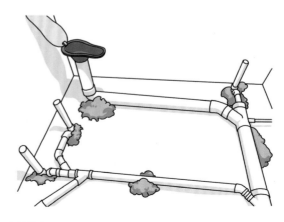

合并排水

打压测试

打压测试的目的是检查水路是否可以正常使用。一般在水管布好 24h 之后，就可以做打压试验了。

这个流程很重要，可以检测出水路施工的一些问题。如果水管破裂、管道焊接不严密，那么在打压试验的时候，就会出现漏水、降压的情况。当打压测试结束，所有管道、阀门、接头无渗水、漏水现象后，就可以封槽了。

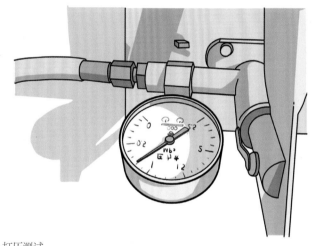

打压测试

3

常见问题

在家庭用水的规划中，有很多朋友会遇到以下几个问题：

问 水压低怎么办？老旧小区或新小区的高层会出现水压太低的情况。如果要使用智能坐便器等对水压有一定要求的设备，怎么解决水压低的问题呢？

答 加压。安装一个增压泵就可以了。

水龙头增压效果对比

增压前 增压后

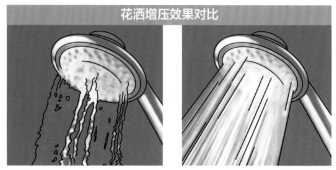

花洒增压效果对比

安装前出水效果 安装后出水效果

增压前后对比

问 有没有必要装全屋净水?

答 主要看自己的需求,建议大家安装一个基础的前置过滤器,可以过滤水中的大颗粒杂质。

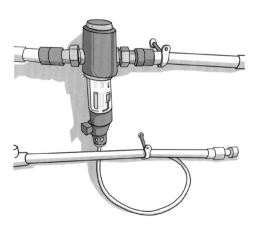

前置过滤器

（问）坐便器能不能移位？

（答）可以移。这个问题主要涉及坐便器的排水问题。楼房的排水方式主要有两种，一种是降层排水，一种是同层排水。

降层排水：将水管伸到楼下进排水　　同层排水：在自己家的楼层进排水管

降层排水和同层排水

水电改造施工与验收

水电的施工流程：水电交底→水电预估→材料进场→放线开槽→强弱电布管→给排水水布管→强电箱整理→现场清理→项目自检→验收。

1 开槽

强弱电施工就是电路施工，强电是指 220 V 及以上的室内用电，弱电则是指网线、电话线、数据线等。开槽时需注意：

①在开槽之前，要对开槽部位进行放线标记，使用切割机带水切割剔槽。

②水电开槽需要横平竖直、深浅一致，转弯弧度半径在 20 ~ 30 cm。

③开槽宽度等于管径加上管卡缝隙加上两边 1 cm 的预留缝隙，开槽深度等于管径加 1 ~ 1.5 cm。

④开槽结束后，不是直接就可以进行下一步施工了，而是要先清理粉尘，并对墙面、地面开裂部分进行修补。

开槽

开完槽，就可以预埋线盒和布线管。需注意：

①线盒的深度低于墙面不得超过 5 mm，同一房间内的误差不大于 5 mm。

②强弱电不同管，要保持 20 cm 以上的距离。强弱电交叉处应在弱电管上包裹 30 cm 长的锡箔，以降低干扰。

③最重要的是，水电线千万不能同槽，如果遇到交叉，则电线管在上，水管在下。若是同槽，出现漏水就容易造成危险。

④所有入墙电线采用 ϕ16 mm 或 ϕ20 mm 以上的 PVC 阻燃管，电源线的横截面直径不得大于管径的 40%。

⑤地面与墙面交接处，电线管转弯半径不小于管径的 5 倍，接头处使用 PVC 胶连接紧密。

⑥管线应尽量沿墙地夹角布置，走向要横平竖直，不能有重叠、交叉，也不能斜向铺设，线管应该固定牢固。

⑦管线弯曲处要平滑，不能有死弯、起皱、断裂等现象。

⑧线管在槽内要用管卡固定牢固，两根以上的线管并排布置时，要使用排卡固定。

注意!

布线管与水管、煤气管之间的平行距离不应小于30 cm。

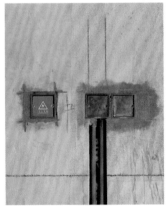

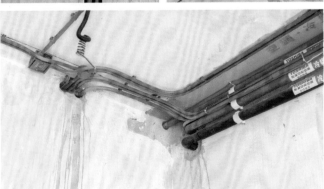

预埋线盒、布线管

3 水电验收

验收时，业主、设计师和项目经理一定要都到场，如果有懂行的朋友，也可以请他们一起看看。

验收时，要依据验收规范对现场施工质量进行验收、检测、测试，最好存档。

注意查验工程质量与设计图纸是否一致。

水电验收

4

封槽

用水泥砂浆封槽即可，封槽结束后，瓦工就可以进场了。

封槽

　　水电改造关系着我们的居住舒适度，除了施工师傅的手艺要精湛外，我们在购买材料的时候也千万不能贪便宜，要选择质量合格的电线、插座及水管。

第 4 章

设备工程

中央空调与风管机

新风系统

地暖

暖气片

中央空调与风管机

随着科技的进步，空调的种类也在不断增多。中央空调和风管机功能近似，许多业主不了解它们的区别，装修时如果要在两者之间选择，到底该怎么选？

中央空调

中央空调也叫多联机，由一个室外机带动多个室内机，俗称"一拖几"。

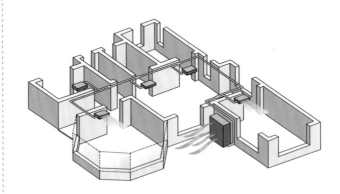

"一拖五"中央空调

要点 👆

中央空调费不费电？

中央空调费不费电主要看其款式和使用习惯。变频的中央空调适合长时间工作，如果频繁开关，导致中央空调反复启动，就会比较费电。

中央空调的优势

◆ 省空间

中央空调安装在天花板上，外省设备平台空间，内省墙面、地面空间。

◆ 颜值高

由于中央空调隐藏在天花板里，仅会露出线条感极强的条形出风口，能搭配任何装修风格，颜值很高。

"百搭"的中央空调条形出风口

要点 🤚

中央空调噪声大不大？

一般来说，中央空调室内机的运行噪声是符合国家标准的，而且变频的中央空调噪声会更小。此外，在安装的时候注意风口和外机的位置，并在安装时做一些避震工作，可以进一步减轻噪声。

局部吊顶

◆ **舒适度高**

中央空调的出风口与回风口各自独立且安装位置较高，可以 360° 立体送风，均匀地调节空间温度，基本无风感，舒适度更高。

中央空调的缺点

◆ **价格较高**

中央空调的价格与立式、壁挂空调相比较高一些。此外，中央空调的安装需要铺设各种管道，需准备各种辅材，这也是一笔费用。

◆ **需要吊顶**

为了隐藏中央空调的主机和管道，需要额外搭配吊顶，这又是一笔费用。

通常中央空调的主机高 200 mm 左右，加上管道厚度和排水空间的 50 mm 宽以及 10 mm 厚的吊顶石膏板，会牺牲 260 ～ 300 mm 的净高。若房子的净高较低，建议选择局部吊顶，这样能避免牺牲净高带来的压抑感。

搭配中央空调的吊顶

◆**容错性低**

  若某个空间的中央空调内机出现故障，则会导致家中所有空间的中央空调都无法运行。所以，建议大家选购大品牌的或者在当地市场占有率高的中央空调，这样品质和售后更有保障。

要点 👆

中央空调维修和保养麻不麻烦？

家庭用的中央空调，一年清洗一次就可以了。一般中央空调会有 2 年的免费清洗保修服务。如果自己清洁，可以把空调进风口和出风口滤网取下，用水冲净，晾干后装上即可。

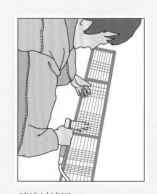
清洗过滤网

2 风管机

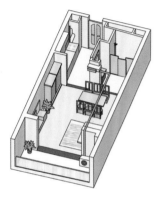

风管机布管示意图

风管机也是一台室内机对应一台室外机，与普通分体式空调一样。

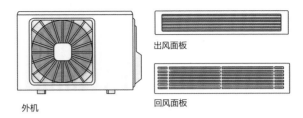

外机

出风面板

回风面板

风管机包含室内机和室外机

但是，风管机将室内机改成了薄型风管式内机，安装于吊顶内，与中央空调有着一样的高颜值。风管机用于多空间安装时，与分体式空调一样，需要多个外机位。

若放置外机的空间充足，喜欢中央空调的颜值，又觉得它价格贵，则可以考虑选购风管机。风管机的价格低于中央空调，大概与中高档的柜机相当。当然，吊顶的费用除外。

总的来说，若是小户型，房间数量不多且经济能力有限的话，选择传统的分体式空调就可以了，如果追求颜值，也可以选择风管机；若是大户型，房间数量多，想要有更好的舒适度，且经济条件允许，则可以直接选择中央空调。

卧室风管机

新风系统

新风系统采用置换式的传输方式，能让我们的家居生活更加舒适。不太了解新风系统的人，只知道新风系统具有换气的功能，其实它还具有除臭、除尘、排湿、调节室温的功能。让我们来了解一下吧。

1 新风系统的功能

新风系统是由送风系统和排风系统组成的空气处理系统，在不开窗户的前提下，24h 运行，对空气进行净化过滤，将干净清新的空气送入家中，将家中的污染气体排向室外。

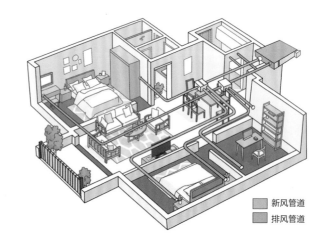

新风管道
排风管道

新风系统的管道分布

新风系统的功能可不止送风排风，它还可以：
①防霾除霉，有效过滤空气中的杂质。
②除尘，减少家里落灰。
③节能环保，在冬夏两季开空调时，减轻空调负担，更加节能。
④消毒杀菌，多层过滤，减少家里的细菌。

按种类选

新风系统按种类来分，主要有两种：管道式新风（中央新风）、无管道新风（壁挂新风）。

管道式新风即中央新风，安装在吊顶内部，通过管道达到换气效果。

壁挂新风则是一个机器，安装便捷，但是整体使用效果没有中央新风效果好。如果想在装修前安装新风系统，则建议选择中央新风；如果装修结束后想加装新风，则建议选壁挂新风。

管道式新风

壁挂新风

注意！

净高足够的话，可选地送风；想要最佳效果的话，可选择双向流；考虑节能减排的话，可选择单向流。

按工作原理选

效果较好的中央新风按工作原理划分，主要分为三种：单向流、双向流、地送风。

①单向流：机械式排风，自然进风。

②双向流：进风、排风都是机械式的。

③地送风：将送风口安装在地面，回风口安装在顶部，因为二氧化碳分子较重，所以更加节能。但是受净高限制，它的应用不是很普遍。

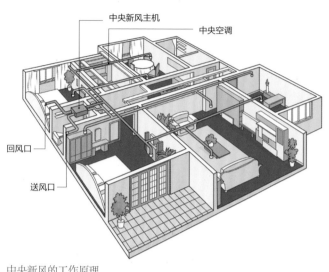

中央新风的工作原理

中央新风主机
中央空调
回风口
送风口

厨房面积较小风量也较小

按面积选

房子的面积大小不同，新风量自然也有区别。

公式：新风量 = 新风区域面积 × 天花板高度。

举例：你家建筑面积为 118 m^2，做吊顶后的净高为 2.4 m，那选择 280 m^3 的新风量即可。

按过滤方式选

作为空气处理系统，过滤自然是很重要的一点。

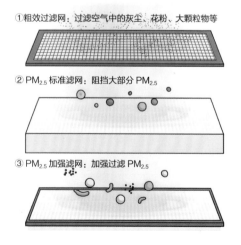

①粗效过滤网：过滤空气中的灰尘、花粉、大颗粒物等

②PM$_{2.5}$ 标准滤网：阻挡大部分 PM$_{2.5}$

③PM$_{2.5}$ 加强滤网：加强过滤 PM$_{2.5}$

不同的过滤网和过滤效果

过滤方式有纯物理过滤和静电过滤。纯物理过滤的过滤效果更强，但要定期更换滤芯；静电过滤不用更换滤芯，可手洗，但是会释放一部分臭氧。想要好的效果且不在乎后期维护成本的话，可选纯物理过滤；考虑性价比的话，可选静电过滤。

安装时间

很多人觉得新风系统应该是在安装吊顶之前安装，所以水电施工的时候一点不着急，等要装的时候，才发现迟了。新风系统安装应该在水电施工之前！在装修之前就应做好规划。

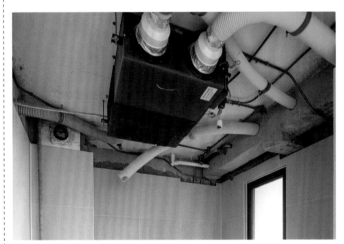

水电施工前，新风系统就应进场安装了

安装注意事项

①安装人员：商家上门安装。

新风系统的安装并不是一次就结束了,总共需要上门3次。

第一次，上门测量尺寸，规划合适路线。

第二次，安装主机，在墙面打孔。

第三次，等硬装结束后，上门安装出风口。

②中央新风的安装会占一部分的净高，不吊顶是装不了的，可以选择局部吊顶或全吊顶。

③地送风的安装，施工费会略高。

④钢梁结构开孔，费用也会略高。

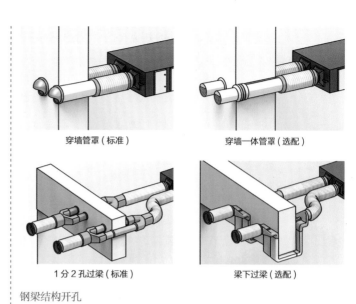

穿墙管罩（标准）　　　　　　穿墙一体管罩（选配）

1分2孔过梁（标准）　　　　　　梁下过梁（选配）

钢梁结构开孔

应依据风口、检修口四周的情况，使用木方或木工板将风口加固在副龙骨上，防止副龙骨的锈蚀。

风口安装

　　风口的安装比较简单。需要吊顶施工师傅预留出风口的位置。

预留出风口

4

新风系统的常见疑问

问 新风系统可以除甲醛吗？

答 新风系统可以通过通风的方式,稀释空气中的甲醛浓度,但是不能净化,建议将它作为辅助去甲醛的工具。

问 我家装修结束了,还能装新风系统吗？

答 可以选择壁挂新风,没有管道,安装方便,中央新风要在水电施工之前安装,后期不好加装。

问 中央新风系统的价格贵吗？

答 不同的面积、品牌、风量的新风系统,价格会有差异。拿 100 m^2 的房子来说,中央新风的价格大概在 20 000 元上下,壁挂新风的价格在 5 000 ~ 10 000 元。

问 新风系统后期耗电量大吗？

答 有网友做过测试,新风系统在 180 m^2 的房子内 24 h 开启,耗电量为 $2 \text{ kW} \cdot \text{h}$ 左右。

问 新风系统和空气净化器有什么不一样？

答 空气净化器是内循环,专注于过滤空气中的污染颗粒物;新风系统是外循环,专注于换气,保证室内空气质量。

地暖

地暖是一种极佳的采暖方式，通过均匀加热地面，再以辐射和对流的传热方式向室内供热，温度从地面到高处逐渐递减。

地暖按传热介质分类可分为水暖、电暖，按铺装结构分类又可分为干式地暖、湿式地暖。

1 水暖和电暖

水暖和电暖除了传热介质的差异外，舒适度、使用年限、后期维护等方面也有不同。

水暖

把水加热到一定的温度后，再将其输送到铺设的管道中来实现供暖，锅炉还能供应日常用水。

水暖投资较大，净高占用多，热传递速度慢，但安全性高，使用寿命长。

后期需要定期清洗，防止结垢影响供暖效果。

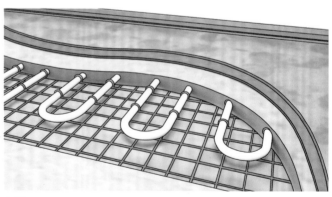

水暖

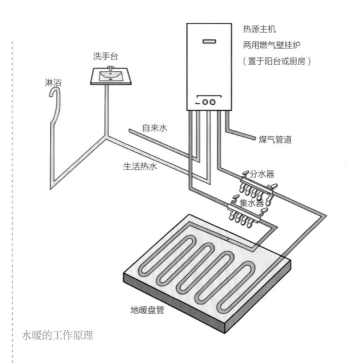

热源主机
两用燃气壁挂炉
（置于阳台或厨房）

洗手台

淋浴

自来水

煤气管道

生活热水

分水器

集水器

地暖盘管

水暖的工作原理

电暖

    电暖分为发热电缆和电热膜两种，后期不需清洗，保养成本低，缺点是舒适度不如水暖，且能耗高。发热电缆虽施工简单，但造价高，维修不便，不适合大户型。电热膜对室内净高几乎无影响，升温快，但耗电量大，运行成本高，铺设环境需干燥。

    总的来说，水暖和电暖各有各的优势，不知道如何选择时可参考以下几点：

    ①住房面积在 50 ~ 80 m^2，可选电暖；在 80 ~ 150 m^2，可选水暖；超过 150 m^2，可选混合供暖。

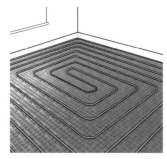

发热电缆

电热膜

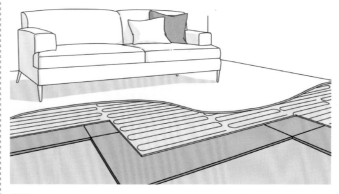

电暖

②电暖不需要定期维护，施工相对简单，安装费用也较低，使用寿命长。

③水暖虽需定期清洗且成本较高，但舒适度高，没有辐射，发热稳定，适合家中有老人、小孩的家庭。

④电暖所需净高为4～6cm,水暖所需净高为6～8cm。

湿式地暖

湿式地暖用普通保温板做卡管固定，需要水泥砂浆回填。

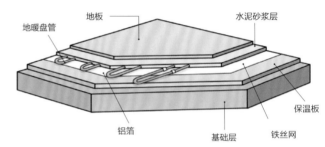

湿式地暖

干式地暖

干式地暖采用沟槽保温板地暖模块做嵌管固定，无需水泥砂浆回填。

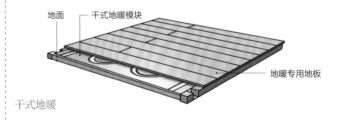

干式地暖

湿式地暖和干式地暖的比较

①干式地暖在铺地板前安装，施工简单；湿式地暖工序较多，需要在水电施工前预留出安装位置。

②干式地暖不需要回填，所占净高为4～4.5cm，而湿式地暖所占净高为5～8cm。

③干式地暖升温快，湿式地暖升温相对较慢，但发热稳定，散热均匀。

④干式地暖只能铺设地板，湿式地暖没有限制。

3
适合铺设的位置

地暖没必要通铺，主要针对几个活动区域铺设即可。

客厅、餐厅和卧室

这三个地方是铺设地暖的重点，但放置家具柜体的区域不建议铺设，以防高温损坏柜体。

客厅

卧室

餐厅

厨房

建议在开放式厨房铺设地暖，以提升客餐厅舒适度；封闭式厨房可以按照自己的需求随意铺设。

封闭式厨房地暖可根据自己的需求铺设

卫生间

卫生间湿度大，且地暖周围的水泥砂浆层会因为温差出现缝隙，安装地暖会有隐患，可安装暖气片。

若卫生间需铺地暖，则应先考虑净高是否合适，再做好防水。

①干区、湿区地面做全防水。

②干区防水层高度为1 m左右，湿区防水层不得低于1.8 m，厚度为1.5 mm。

③功能区防水层需高出区域上沿30 cm，例如洗手台区等。

④若墙体为轻质墙体，则需整面墙做防水。

在卫生间铺设地暖时要做好防水

地暖的其他注意事项

地暖铺设在施工和地面材质方面，还有以下这些方面要多注意：

施工方面

①铺设保温层时，地面需平整、无杂物，必要时要找平，卫生间等区域要做好防水或铺防潮膜。

②保温层要平整，缝隙宽度在 5 mm 内，1 m 内的高低差在 5 mm 内。

③反射膜会影响受热情况，铺设一定要平整且严密。

④地暖管间距宜控制在 20 ~ 25 cm，不得过密，转弯的弧度不宜过大。

⑤在地暖管安装好且水压试验合格后 48 h 内完成混凝土填充层施工。

⑥混凝土回填层的厚度一般在 3 ~ 5 cm，最低不应小于 3 cm。

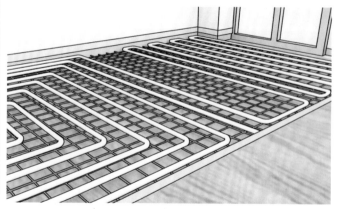

地暖管道

地面材质

从导热、环保、耐用、价格等方面来看，优选瓷砖。

若选择地板的话，综合考虑可选复合多层地板。

导热性能从高到低为：石材、瓷砖、实木复合地板、强化木地板、实木地板、地毯。

实木地板环保，但热胀冷缩容易起翘、变形、开裂，寿命较短。

瓷砖地面

复合多层地板

暖气片

很多家庭装修时更换暖气片是因为原有暖气片的位置不合适或者数量不够。选购暖气片时主要看其散热效率，而不是保温性能。暖气片的选购需要花一点心思。

1 暖气片的优点

暖气片

升温快

暖气片散热的原理是热传导，通过加热自身将热量传递给周围的空气，因此空间升温很快，而且使用舒适度会比空调好。

安装方便

因为暖气片可以直接挂在墙上，所以不管是新房装修还是老房改造，都可以安装暖气片，非常方便。

价格低

就设备成本来说，暖气片远低于地暖，是比较便宜的。

方便维修，好打理

暖气片外挂明装，落灰了好清洁，坏了也好维修，即使需要更换也很方便。

好搭配

虽然暖气片普遍都是明装，但胜在种类丰富，颜值也高，不管是什么风格的家装，都可以选到适合的暖气片。

 注意!

钢制暖气片是目前人们选择最多的一种，它不仅美观，色彩种类多，并且散热效率高，低碳节能。

2 暖气片的缺点

影响美观

暖气片一般都是挂在墙上的，如果搭配不当会显得突兀，不够美观。

不过好在暖气片有不同的款式和颜色，可以根据家装风格来调整和搭配。

白色的暖气片刚好搭配卧室内的软装和家电

散热不均匀

鉴于暖气片本身的工作原理，它不能像地暖那样全空间均匀供暖。如果对舒适度要求不是极高，完全可以选择暖气片取暖。

3 暖气片的主流材质

目前市场上主流的暖气片有钢制暖气片、铝制暖气片、铜铝复合暖气片。

钢制暖气片具有存水量大、抗压性强、散热功能稳定、强度高等特点，喷塑表面美观而且价格合理。

铝制暖气片主要有高压和拉伸铝合金焊接两种，具有散热效率高、升温迅速、外形美观、节能节材等优点。随着人们对暖气片装饰性、可控性、经济性等要求越来越高，铝制暖气片越来越受欢迎。

铜铝复合暖气片以抗氧化腐蚀的铜管为原材料，其优点是耐腐蚀、散热量大、散热速度快，比钢制暖气片更轻、更美观。上下或两侧附着的铝翼通过增加散热面积，进一步使其散热效果更佳，而且水在铜管中不会对暖气片造成腐蚀，能大大延长暖气片的使用寿命。

第 **5** 章

地面工程

地面材料

地面施工

地面材料

在家居装修的所有项目中，地面装修是不可小觑的一环，地面材料作为装修材料中最重要的主材之一，其使用率最高，花费最高，对环保的要求也最高。在地面装饰材料的选择上，大家要引起重视。

1 木地板

实木地板

木地板的种类

现在常用的木地板主要有实木地板、复合地板、软木地板、竹木地板。

◆ 实木地板

优点：脚感最舒适，环保性最好，保温性也最好。

缺点：实木地板打理起来相对比较麻烦，耐磨性也相对较差。

◆ 复合地板

复合地板分为三层实木复合地板、多层实木复合地板、强化复合地板。

①三层实木复合地板由三层实木单板交错层压而成，分表层、芯层、底层。表层一般用质量较好的实木木材，芯层多为次一点的普通木材，底层多为旋切单板。

三层实木复合地板结构

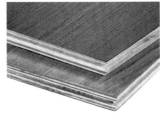
三层实木复合地板

优点：相较于实木地板更耐磨耐用，不易变形，价格较低。

缺点： 环保性稍差一些。

②多层实木复合地板也是现在市场上的主流产品，只要环保达标，它的性价比很高，适合大众消费。

优点： 由于每层都用薄木片交错黏合，价格相对便宜。

缺点： 多层实木复合地板比三层实木地板多了几层，因此也多了几层漆和胶，环保性更差一点。

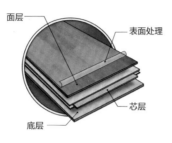

多层实木复合地板结构

多层实木复合地板

③强化复合地板也称复合地板、强化地板，它跟实木没有关系，但是耐磨、耐造、稳定性强。强化复合地板一般由四层材料复合组成，即耐磨层、装饰层、高密度基材层、平衡（防潮）层。

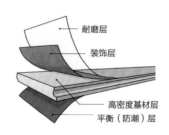

强化复合地板结构

强化复合地板

●耐磨层就是一层透明的耐磨纸，耐磨指数至少要在6000 转以上才行；

●装饰层就是我们看到的地板花纹，色泽和纹路自然并且不褪色才是好的；

●高密度基材层一般为密度纤维板，制作过程中会使用胶黏合；

●平衡（防潮）层在最下面，起防潮作用。

 注意！

①三种复合地板的对比。

价格： 三层实木复合地板最高，多层实木复合地板次之，强化复合地板最低。

耐用： 强化复合地板最耐用，多层实木复合地板次之，三层实木复合地板最不耐用。

环保： 三层实木复合地板最环保，多层实木复合地板次之，强化复合地板环保性相对最差。

②有地暖，铺哪类地板？

如果家里准备铺地暖，那么纯实木地板会因受热而变形，建议选择复合地板，这种地板比较稳定，导热性也好。此外，也有专业的地暖地板，就是价格更高一些。

在冬天开地暖的时候，最好让温度一点点升高，循序渐进，给地板缓冲时间。若室内太干燥，可以放一个加湿器，以免地板因干燥而开裂。

优点：价格低，耐磨性好，防潮，耐用。

缺点：脚感差，舒适度低，环保性差。

◆软木地板

优点：脚感很软，磕碰痛感低；环保、隔声效果都很好，很适合用在儿童房的地面。

缺点：价格贵，耐磨性最差，且难打理。

软木地板根据密度可分为三级，即 $400 \sim 450\ \mathrm{kg/m^3}$、$450 \sim 500\ \mathrm{kg/m^3}$、大于 $500\ \mathrm{kg/m^3}$。一般家庭选用 $400 \sim 450\ \mathrm{kg/m^3}$ 就足够了。

软木地板

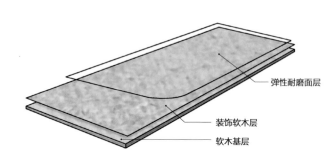

弹性耐磨面层

装饰软木层

软木基层

软木地板结构

◆竹木地板

优点：冬暖夏凉，环保性好。

缺点：易变形，易生虫。

竹木地板

💡 **注意！**

①从环保性而言：实木地板、软木地板、竹木地板最好，实木复合地板次之，强化木地板最差。

②从脚感而言：实木地板、实木复合地板、软木地板脚感更加舒适。

③从易打理而言：实木复合地板、强化复合地板更好打理。

④从性价比而言：实木复合地板最优。

木地板的色彩搭配

◆ 木地板的色彩有哪些

虽然木地板拥有木材的自然属性色，以木材的颜色和质感为主，但不同深浅的颜色和不同的纹理图案，也会让人眼花缭乱，无从下手选择。

①白色系。

白色系地板并不是纯白色的地板，而是偏白的浅木色，看起来空灵纯净、通透大方，能够营造轻柔放松的家居环境，可以搭配北欧风、极简风、现代风。

白色系地板

②浅色系。

浅色系的木地板是指色彩明度比较高的地板，看起来比较清新、减压，可以搭配日式、北欧风、简约风、现代风。

浅色系地板

③经典原木色。

原木色当然是最经典的颜色啦，也是最接近自然木色的颜色，既百搭又耐看，可以搭配任何一种风格。

原木色地板

④棕色系。

精装房自带的木地板，大多数就是这个颜色，如果颜色再偏红一些，就是不怎么受大家欢迎的"猪肝红"。棕色系的地板适合搭配中式、混搭风、复古风。

棕色系地板

⑤灰色、深色系。

灰色、深色系属于冷色调，能让家居环境呈现高冷、利落的效果，非常适合采光好的大户型。可以搭配简约风和现代风。

深色系地板

灰色系地板

◆ **如何选地板的颜色**

①根据采光条件选。

地板占据整个空间地面的全部面积，它的色彩和款式决定着空间的基调。

如果是采光不佳的房子，宜选择亮度较高的浅色系地板；采光较好的房子，可根据墙面颜色、面积大小、家具颜色等随意选择地板。

浅色系的地板能使整体空间更明亮、宽敞

②根据空间大小选。

浅色、暖色会在视觉上形成扩张的效果，简单说就是"显大"；反之，深色、冷色，会在视觉上形成收缩的效果，俗称"显小"。

如果是小户型，建议选择浅色系的地板，会显得空间开阔，可减少四面墙体带来的压迫感。

如果是大户型，则深浅颜色的地板都可以选择。

小户型选择浅色地板

大户型深浅颜色的地板都可选择

③根据墙面颜色选。

地板与墙面是相互呼应的存在，它与墙面颜色之间的和谐程度对空间氛围的营造至关重要。所以，在选择地板颜色时，也要考虑墙面的颜色。

灰色地板与灰色墙面呼应

④根据家具颜色选。

家具作为空间陈设的主体，它与墙面、地面之间和谐与否很重要。所以，在不知道如何选择地板颜色时，若已定好家具，也可根据家具颜色来配。

根据棕色系软装铺设同色系地板

根据床头颜色选地板

地板几乎占了全屋所有的地面，它对家居光线和空间整体风格、颜值的重要性不言而喻。所以，地板色彩的选择可以按照以上这四种方式综合考量。

木地板的铺设

◆工字铺

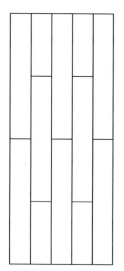

工字铺示意图

工字铺

◆步步高

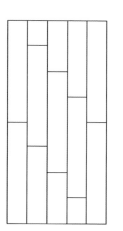

步步高（梯形铺设）示意图

步步高（梯形铺设）

◆人字铺

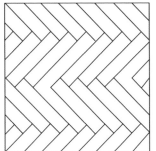

人字铺示意图

人字铺

◆鱼骨铺

人字铺和鱼骨铺这两种铺设方式颜值都超高，不过有一点费地板，耗损较大。此外，这两种地板铺设的工费也较高。

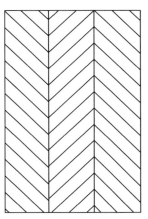

鱼骨铺示意图

鱼骨铺

◆ 垂直铺

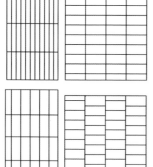

垂直铺示意图

垂直铺

◆ 其他铺贴方式

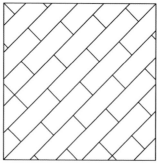

斜铺

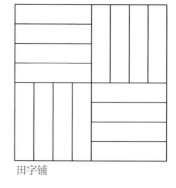

田字铺

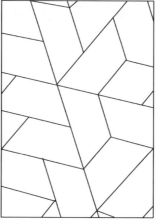

混合铺

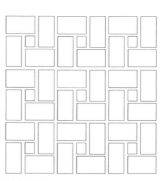

回字铺设

> 💡 **注意!**
>
> ①安装木地板时,地面上先铺一层龙骨,稳定性会更佳。
>
> ②龙骨一定要安装稳固,不然后期木地板容易有异响,可以选择边长18~20 mm的方形木榫。
>
> ③龙骨的材料可以选择松木。
>
> ④考虑到防潮效果,建议再铺一层防潮垫。
>
> ⑤铺设木地板靠墙部分时注意留缝隙,防止热胀冷缩。

2
地砖

抛光砖

抛釉砖

地砖的种类

◆普通瓷砖

①普通瓷砖的种类：

现在市面上的主流家用的普通瓷砖主要有3种，即抛光砖、抛釉砖、釉面砖。

a. 抛光砖：

抛光砖是一种表面光亮的砖，通过对通体砖坯表面打磨而成。

优点：无色差，坚硬耐磨，抗弯曲；砖体薄，重量轻；防滑效果好。

缺点：易渗入污染物，花纹单一，不够精美。

想解决易脏的问题，可以通过加防污层的方法，但其通体砖的效果会打折扣。

b. 抛釉砖：

抛釉砖解决了抛光砖花纹单一的问题。

优点：釉面光滑亮洁，花纹更加精美，可以模仿天然石材的质感。

缺点：防滑性相对较差，用水区不适用，家里若有老人、小孩，请慎重选择。

c. 釉面砖：

釉面砖是所有瓷砖里可选择种类相对较多的一种，分亚光砖、亮光砖，仿古砖、木纹砖等都属于釉面砖。

优点：花纹精美，可选种类多；硬度高；防滑性好。

缺点：表面是釉，耐磨性相对来说差一点。

亮光砖

亚光砖

仿古砖

木纹砖

　　总的来说，想选择表面光亮的瓷砖的话，抛光砖性价比最高，釉面砖防滑性好。如果更注重瓷砖的装饰性的话，可选抛釉砖、釉面砖。

　　②普通瓷砖搭配：

　　普通瓷砖的选购，最不容忽视的是搭配！最常贴普通瓷砖的五个空间是玄关、客餐厅、厨房、卫生间、阳台。

　　a. 玄关：

　　玄关选砖需要考虑的问题主要是美观和耐脏。

　　就耐脏程度而言，深色砖比浅色砖更显脏，亮光砖比亚光砖更显脏，花色砖更耐脏。所以，玄关的砖可以尽量选择浅色砖、亚光砖、花色砖。

b. 客餐厅：

瓷砖的选择有很多讲究，选好的话 100 平方米的房子可以拥有 130 平方米的效果。

采光差的空间选亮光砖

采光好的空间可以选择亚光砖

木纹砖适合营造温馨、复古的空间氛围

要点 👆

地砖的优点：

①材质不含甲醛。

②款式丰富，选择性多。

③百搭，颜值高。

④耐用，好打理。

地砖的缺点：

①脚感舒适度低。

②磕碰痛感强。

③需要美缝。

如果家里不想贴砖或铺地板，也可以选择水泥自流平

c.厨房：

厨房选瓷砖要考虑的重点是耐脏和防滑。注重防滑效果的话，可选釉面砖；注重耐脏效果的话，可选花色砖或亚光砖。地砖规格可选 300 mm × 600 mm、600 mm × 600 mm 等。

厨房铺设防滑釉面砖

卫生间铺设深色防滑砖

e. 卫生间：

卫生间选瓷砖主要考虑防滑效果，建议买专门的防滑砖。色系选白色、灰色都可。

六角砖也可以铺设在卫生间

f. 阳台：

如果客厅与阳台全打通，阳台地砖与客厅一致就好。如果阳台是独立设计，空间小且需要用水，选择瓷砖的时候，可以重点考虑美观性与防滑性。

如果想要简单点，选择灰色是最合适的。

灰色瓷砖防滑、简约

◆异型砖

①常见异型砖种类：

a. 羽毛砖。

羽毛砖因形状和颜色像孔雀的羽毛而得名，它是当下市场上的网红款，艺术感很强。

b. 六角砖。

异型砖中，就数六角砖最常见。有纯色六角砖，也有配色六角砖，可做渐变效果，可构成图像，能打造多种空间效果，而且价格比其他异型砖实惠。

六角砖除了正六边形砖以外，还有一种箭形砖。

羽毛砖

六角砖

箭形砖

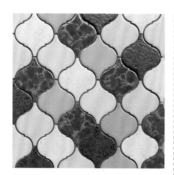
灯笼砖

c. 灯笼砖。

灯笼砖最初广泛应用于阿拉伯地区，极具中东特色，民族气质特别明显。

灯笼砖

d. 鱼鳞砖。

鱼鳞砖，单片形状呈扇形，既像鱼鳞，又像波浪，艺术感很强。由于这种形状的瓷砖单块面积较小，因此它比较适合小面积点缀，不太适合大面积铺设，以免产生密集恐惧的尴尬效果。

鱼鳞砖

②异型砖选购：

一般的地砖、地板等都是按照面积计算价格，但是异型砖很多都是按片计价。比如羽毛砖，网店价格为 9 ~ 15 元 / 片，一箱 40 片。

一片羽毛砖的尺寸为 90 mm×300 mm，每平方米需要 40 片，按照 2 m² 的铺贴面积计算，则至少需要 720 元。由于异型砖的耗损率比普通瓷砖大，假设有 5% 的耗损率，就需要至少准备 4 片砖备用。

◆ **花砖**

①花砖的特点：

花砖，又叫水泥花砖，其主要原料为普通水泥或白水泥，掺加适量的颜料，经机械搅拌，压制成型，再经充分养护而成。其质地硬，光滑耐磨，色彩鲜亮。花砖特别适合铺在厨房、卫生间、阳台、玄关等空间较小的地方。

特点： 颜色、图案丰富；面积小，花砖一般都是小尺寸；价格高，因花砖工艺复杂，普遍较贵。

花砖

②如何选择花砖？

颜色鲜艳、图案丰富的花砖，从局部看很美，但用不好容易显俗气，所以一般建议选择淡雅的单色花砖。

就颜色而言，可以选低饱和度的颜色，比如白色、灰色、棕色、浅蓝色等，看起来温柔、大方又高级，怎么贴怎么好看。

尽量选择简单的款式，比如几何形、黑白格、线条形，不论是简约风还是北欧风、日式等，各种风格都能搭配。

简约的黑白格花砖

清新淡雅的花砖配色

款式简单的花砖更百搭

地砖的铺贴

地砖的铺贴

◆ 普通瓷砖的铺贴

①地砖铺贴有干铺和湿铺两种方法，干铺效果最好。

②干铺基层砂浆应采用 1∶3 的干硬型水泥干浆，厚度宜在 20mm 左右，必须完全夯实平整。

③在准备铺贴的地砖背面抹一层素水泥浆，一般厚10 mm左右，用橡皮锤轻击至平整。

④对有排水坡度要求的空间如阳台，应按0.5%的坡度拉线控制斜度进行铺贴。

⑤考虑热胀冷缩及美观度，根据不同的砖留出适当缝隙，缝隙宜留2～5 mm宽。

◆ 异型砖的铺贴

①异型砖的铺贴要考虑整体性和细节拼接，因此铺贴前要先排列演示一遍，正式铺贴时更要细致小心。

②如果地面有异型砖和木地板拼接，应先铺异型砖，再按瓷砖的边缘形状现场裁切木地板后铺贴。为避免出现空鼓，木地板与瓷砖之间最好留3～5 mm的缝隙。

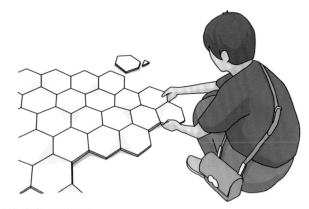

六角砖铺贴前的预排

3
水磨石

传统水磨石是碎石、玻璃、石英石等边角碎料与水泥混合制成，成本低，价格也低。现在的水磨石大都是通过环氧树脂技术、瓷砖纹理图案处理等技术制成，质感和样式都有很大程度的提升，因此越来越受到人们的喜爱。

水磨石的种类

◆ 根据制作方法划分

①现浇水磨石。

现浇水磨石是将天然碎石、玻璃骨料与颜料拌入水泥中，凝结后打磨抛光。可以任意拼花，但需现场施工，所以它的

注意！

①如果选择预制水磨石板，那一定要选择更坚实耐用的有机水磨石。

②有机水磨石以水泥为黏结材料，价格便宜，但需精心养护。

③无机水磨石以环氧树脂为黏结材料，韧性好，不易开裂。

造价较高，质感也是最好的。由于需要现场施工，所以现浇水磨石一般用于工装或大别墅的装修。

②预制水磨石。

预制水磨石是将花岗岩石粒、大理石石粒等原材料统一由工厂流水线生产预制而成，其光泽度比现浇水磨石高，但是，质感不如现浇水磨石。

预制水磨石在铺贴时跟瓷砖类似，需要使用水泥勾缝。时间久了，缝隙容易发霉变黑。因制作方便，预制水磨石多用于家装。

现浇水磨石与预制水磨石

◆ **根据用途划分**

①工业水磨石。

工业水磨石一般特指原色水磨石，它的原材料为花岗岩石粒和普通硅酸盐水泥，质感不好，胜在价格便宜且耐用。通常用在工厂车间、仓库、停车场等地面。

②民用水磨石。

民用水磨石的原材料普遍是绿色、红色的大理石石粒以及高强度等级的白水泥或有色水泥，造价与普通抛光砖同档次。质感相对工业水磨石来说好一些，色彩也更丰富。一般用于家装、医院、广场等场合。

③商用水磨石。

商用水磨石的骨料大都是天然碎石、玻璃，或一些比较珍贵的石材角料。商用水磨石坚硬耐磨，易清洁，装饰效果堪比大理石，但是价格比大理石便宜很多。

水磨石的特点

①造型百变，色彩丰富。

②无毒性，无放射性，使用安全。

③阻燃，不粘油，不渗污，抗菌防霉，耐磨，耐冲击。

④易保养，无缝拼接。

餐厨区域的水磨石地面

水磨石的铺贴方法

底层处理 → 定线 → 水磨石板浸水 → 拌制砂浆 → 底层洒水及刷水泥浆 → 铺水泥砂浆及预制水磨石板 → 维护灌缝 → 贴镶踢脚线 → 打蜡。

水磨石的保养

①水磨石是由各种原材料混合而成的，所以矿物成分比较复杂，尤其一些浅色的水磨石含有铁质，在潮湿的环境中可能会产生锈变。建议买专业的水磨石清洗剂清洗。

②也可以用洗衣粉、洗洁精、洗衣液等清洁用品代替专业清洗剂，但是可能会造成一定的磨损。

卫生间干区的水磨石地面

③在水磨石表面做一层密封固化剂，不仅可以防尘，还能提高亮度，增加硬度。

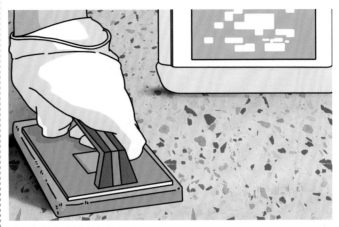

购买专业清洗剂清洗水磨石

4
微水泥

微水泥是一种新型装饰材料，从外观上来看，它有水泥的质感，但比水泥更加细腻。从材质本身说，微水泥是由水泥、水性树脂、矿物颜料和添加剂组成的，与传统的水泥相比，它更薄，更加坚固耐磨，装饰性更强。

微水泥的优缺点

优点：

①耐磨耐用，微水泥的抗压能力是传统水泥的 1.7 倍，只要基层不开裂，微水泥就不会开裂。

②附着力强，可以直接用在墙面、地面、顶面等。

③环保性好，挥发性有机化合物（VOC）含量远低于欧盟标准。

④密封性强，防水效果好。

⑤防火，还防霉。

⑥虽然装饰效果细腻，但是防滑效果也不差，用在卫生间也没问题。

缺点：

价格贵，比瓷砖等贵得多。1 m^2 地面的价格在 600 元以上，不过可以省掉美缝的钱。

微水泥的施工方法

地面找平，打磨干净→滚刷底漆→挂网防止地面裂开→再次涂刷底漆→多次批刮微水泥（一般是３次）→打磨批刮好的地面，直到平整为止→滚涂高强罩面３次。

卫生间微水泥地面１

卫生间微水泥地面２

大理石的种类

大理石分两种，一种是天然大理石，一种是人造大理石。

大理石地面

◆天然大理石

优点：

①高颜值。

②易加工。大理石非常好切割，加工起来很方便，很容易做造型。

③使用寿命长。

缺点：

①比较脆弱。天然大理石比较脆弱，不太适合做厨房的台面。如果是西厨台面、岛台台面，不需要用力剁肉、处理坚硬食材的话，是可以选择天然大理石的。

②需要定期保养。如果想要天然大理石保持长久的光泽和色彩，那就需要定期维护保养。方法不难，每隔两个月左右用蘸有中性洗涤剂的软布擦拭即可。

③价格高。天然的大理石价格比较高，如果是预算有限的家庭，可以选择小面积使用。

大理石地面

◆ 人造大理石

优点：

它是根据天然大理石的一些缺点有针对性地人工合成的，在防潮、防酸、耐高温以及拼接性方面都比较优秀，非常适合用在厨房、卫生间、餐厅等空间，价格也比天然的大理石便宜。

缺点：

纹理图案比较单一，没有天然大理石那样丰富、自然。

大理石的铺贴方法

基础处理（清理地面杂物、砂浆等）→试拼→弹线→试排→刷水泥浆，铺砂浆结合层→铺大理石→灌缝、擦缝→打蜡。

大理石地面

大理石的选购

◆要选对大理石的颜色和纹理

大理石的颜色、纹理有很多种,下图是现在比较流行的几款。这几款比较百搭,纹理比较自然,质感强,硬朗大气。尤其是白色系,颜值高且适合多种风格。业主可根据自家设计风格来选。

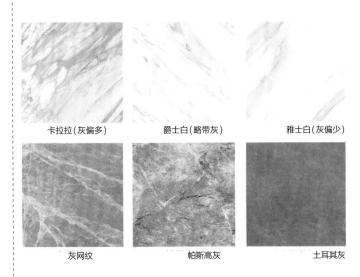

卡拉拉(灰偏多)   爵士白(略带灰)   雅士白(灰偏少)

灰网纹   帕斯高灰   土耳其灰

流行的大理石颜色

以白色为主的浅色系,适合营造温馨轻柔的家居氛围。灰元素较多的深色系,塑造的质感可以让空间看起来更挺括。

◆学会"看""闻""划""摸""查",五步选对大理石

看:色泽比较干净自然,外表没有细小的气孔,无胶质感。

闻:天然大理石没有刺激性的化学气味,而人造的大理石会有。

划:用坚硬物体划大理石表面,天然大理石不易留下明显痕迹。

摸:光滑平整,摸起来有丝绸质感,玉质感强。

查:必须是 ISO 质量认证产品,要查询认证标志和质检报告。

大理石

⑥ 门槛石

门槛石的优缺点

优点：

①对不同的地面材质起过渡作用。

若卫生间铺瓷砖，卧室铺地板，那么，在两个空间之间就可以用门槛石来进行过渡衔接，方便收口。

②调整两个空间之间的高度差。

铺地板与铺地砖之间若存在高低差，可以用门槛石调整。

门槛石

③视觉效果过渡。

两个空间之间若有门套，可以选择与门套颜色一致的门槛石，从而起到视觉效果过渡的作用，降低违和感，提高空间的整体性。

与门套颜色一致的门槛石能起到视觉效果过渡的作用

④起到挡水、防水的作用。

尤其是卫生间门口，安装了门槛石的地面会比卫生间内部地面高一点，可以起到防溢水的作用。

门槛石下也要做防水层，卫生间内的水受门槛石阻挡，影响不到外侧的木地板。

在卫生间门口安装门槛石有防溢水的作用

缺点：
安装不当会影响整体空间的美观性。

如何选好看的门槛石

门槛石之所以会让大家觉得突兀、不够美观，主要是因为它常与周边空间的风格搭配不太和谐。那么如何选择出合适的门槛石呢？很简单，选择与周围空间颜色一致的即可。

◆与地面颜色一致

当两个空间的地面颜色不同时，门槛石的颜色要与哪个空间地面的颜色一致？把门关起来，哪个空间能看到门槛石，门槛石就与哪个房间地面同色。

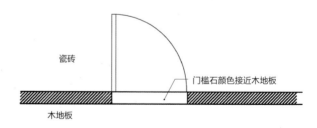

关门后门槛石颜色接近木地板

◆与门套颜色一致

门槛石的颜色跟着门套走，不容易出错。

关门后从卧室看得到门槛石，所以门槛石颜色要接近卧室地板或地砖的颜色

与门套颜色一致的门槛石

不装门槛石

不装门槛石就不行吗？以下三种铺贴方式教你完美避开门槛石：

◆ 通铺

不管是卫生间还是客厅、卧室，全屋地面只铺地砖，不存在两种不同材质的拼接和过渡，这种情况可以不要门槛石。全屋通铺地砖对地砖以及工艺的要求比较高。

全屋通铺地砖

①地砖：

为什么说全屋通铺地砖对地砖的要求高呢？地砖有 60 mm×60 mm、80 mm×80 mm、120 mm×80 mm 等不同尺寸，而室内门的门洞一般宽 90 cm，因此，得裁切地砖。

除了宽 90 cm 以上的地砖经裁切后可以以完整的一块铺设外，60 mm×60 mm 和 80 mm×80 mm 的地砖都得靠拼接，而一拼接，必然有缝隙，美观性上就会有所欠缺。

面积小的地砖拼接会有缝隙

当然，这并不意味着面积小的砖就不可以通铺。全屋通铺小面积地砖时可以在门下方的地砖上增加拉槽，弱化地砖拼接的缝隙。

②工艺：

通铺要求整个室内地面基层高度一致，这样才不会有高低不平以及翘起问题。通铺对地砖排列预设要求也高，最好不要有太多的裁切，不然会影响地面的整体性。若地砖通铺至卫生间，那卫生间内的地面高度要略低一点，需做好防水以及地面排水。

◆ **压边条**

用压边条代替门槛石，也是比较好的选择。利用压边条来过渡有两个优点：

① 可以过渡有轻微高度差的地面，还省钱。

② 掩盖缝隙，完美收口，降低施工难度。

极简金属压边条

用压边条过渡客厅和阳台的两种地面材质

◆ **无缝铺贴**

地砖与地板之间也可以直接过渡。不过,这样的铺贴方式对工艺的要求比较高。

①两种材质应保持在同一水平面上,尽量不要有高差。

②铺贴时,可以先铺地砖,再铺地板,因为地板比较好切割。

③地板与地砖之间要注意预留伸缩缝,以防热胀冷缩。

地砖与地板的无缝铺贴

7

地漏

地漏的种类

常用的地漏主要有两种，一种是 T 形自封地漏，另一种是 U 形水封地漏。

◆ T 形自封地漏

T 形自封地漏利用水的重力排水，在有水的情况下打开，在没水的情况下自动闭合。这种地漏在防臭、防堵塞、防虫、排水速度等各方面表现都比较均衡，加上安装深度比较浅，适合 90% 以上的户型。

T 形自封地漏

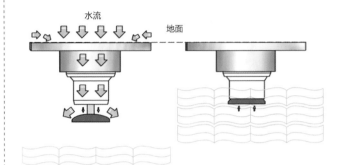

随着排入的水流加大，上方的压力开始增加，全铜内芯密封垫打开，水直接排入下水管。排入的水流越大，密封垫开启越大，以确保排水畅通无阻。

随着水流量的减小，全铜内芯密封垫逐渐闭合，在无外界压力时，受超级弹力器作用，密封盖将始终处于闭合状态，可有效防止管道返水现象，杜绝管道内的臭气、蚊虫、病菌侵入居室。

T 形自封地漏工作原理

💡 **注意!**

水是天然的隔绝介质，臭气无法通过水进入室内，地漏内的存水可将臭气完全隔绝在下水管内，保证室内空气清新。

◆ U 形水封地漏

U 形水封地漏利用水密封、隔绝下水管道中的臭味和虫子，防止卫生间返味。U 形地漏排的水是顺着管道的拐弯流走的，下水速度会受一定影响。

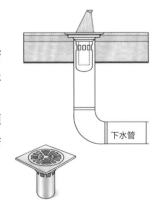

U 形水封地漏

条形地漏

隐形地漏

◆条形地漏

水先汇集到水槽，再从排水口排出。

条形地漏除了外形时尚美观之外，还有以下优点：

①下水更快，不积水。

与方形或圆形地漏相比，条形地漏的集水面积更大，下水速度更快，不会有洗澡时因地漏排水不及时而让脚泡在水里的尴尬。

②不易堵塞。

传统地漏下水口只有一个小圆孔，容易出现头发全部堆积在地漏引起堵塞的情况。条形地漏集水面积大，会大大减少堵塞的可能。

◆隐形地漏

因为地漏会破坏地面的整体性，所以隐形地漏就出现了，并且大受欢迎。隐形地漏最上面的那块瓷砖是可以更换的，将卫生间的瓷砖按照地漏的尺寸切割即可。

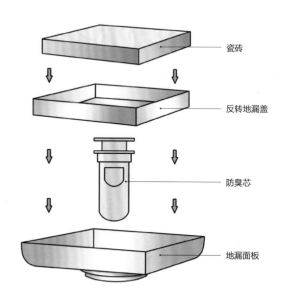

瓷砖

反转地漏盖

防臭芯

地漏面板

隐形地漏的内部结构

地漏的数量

◆ 卫生间的干区和湿区各安装一个地漏

①湿区建议用 U 形地漏。

U 形地漏有个存水弯，防臭效果好。虽然湿区的用水量大，但是洗澡的时候水是渐渐积攒的，U 形地漏的排水速度足够使用。

浴室的 U 形地漏

U 形地漏

②干区建议用 T 形地漏。

干区本身排水少，如果用 U 形地漏，存水弯中的水干了，就没有密封效果了，因此推荐使用 T 形地漏。

T 形地漏

◆ 生活阳台一般需要两个地漏

洗衣机需要一个，阳台地面需要一个。阳台的地面与卫生间的干区地面差不多，水不多，一般只有洗衣服溅出的水、晾衣服滴下的水，偶尔冲刷阳台时才会有大量的水。所以，这个区域也适合使用 T 形地漏。洗衣机排水量比较大，并且需要在很短的时间内就把水排掉，因此对地漏的排水速度要求比较高，推荐使用排水量大的 T 形地漏。

厨房的水槽是直接连接下水管道的，地面一般不留排水口。如果担心水管爆裂或有清洁排水管需要的话，也可以留一个地漏，建议使用 T 形地漏。

阳台的 T 形地漏

地漏的安装

在安装地漏之前，要做一个"泄水坡"，从墙角边缘到地漏，每 1 m 距离下降 1 cm 的高度。当然，在不影响颜值的情况下，也可以适当增加一点泄水坡的坡度来加速排水。

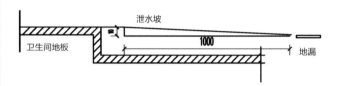

泄水坡

地漏附近地砖的铺贴

①八字铺贴。
这种铺贴方式最常见，需要做好坡度。

八字铺贴

②十字形铺贴。

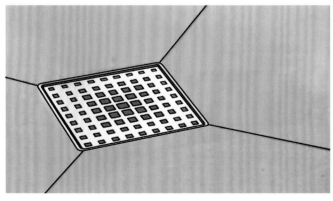

十字形铺贴

💡 注意!

除八字铺贴之外，剩下的三种铺贴方式都比较美观，但是对泄水坡的坡度要求高，不是很好施工。

④压中铺贴。

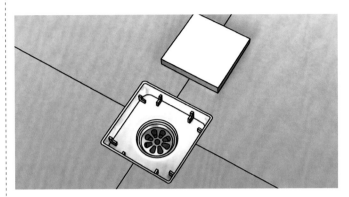

压中铺贴

③错位式铺贴。

错位式铺贴

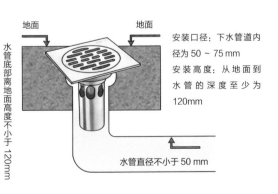

地面　　　　　地面

水管底部离地面高度不小于 120mm

安装口径：下水管道内径为 50 ~ 75 mm

安装高度：从地面到水管的深度至少为 120mm

水管直径不小于 50 mm

地漏安装的注意点

地面施工

装修过程耗时长，且环节复杂，因此一定要弄清楚地面施工的时间节点。正确的硬装施工流程为：拆改→水电→泥瓦→木工→油漆。地面施工也就是瓦工，是排在水电施工后面的。

1 修补水电开槽

注意！

水电开槽要横平竖直，管道安装需牢固。

◆ **修补材料**

可选择环氧树脂胶泥或水泥砂浆。

◆ **清理**

修补前，将槽口里的碎石、碎渣清理干净，施工时要保证修补处没有明水。

◆ **压实修补材料**

将修补材料倒进线槽后，要记得压实。

修补水电开槽

◆ **晾干**

修补结束后，等修补材料干了就可以进行下一道工序。

2 地面找平

没有经过处理的地面，是有高度差的。地面不经过找平的话，虽然地面高度差不是很大时，直接铺地砖没有太大的问题，但直接铺设地板会导致表面不平、有响声、不美观等问题。所以地面找平很有必要，现在常见的地面找平方法有：自流平、砂浆找平。

自流平

◆自流平工序
打磨地面→涂刷界面剂→调配水泥→倒自流平水泥→用工具推开→用滚筒压匀。

◆自流平的优缺点
优点：找平效果好，无接缝，无裂纹；且施工厚度很薄，一般在 2 ～ 5 mm，适合净高低的房型；施工后干得快。

缺点：无法局部找平，只能整体找平；价格高。

砂浆找平

◆施工工序
处理基层空鼓、起块→抹灰饼，确定标高→刷水泥浆→铺水泥砂浆→表面处理压实、压光→养护。

◆砂浆找平的优缺点
优点：适用面广，各种地面都适合；整体费用适中。

缺点：找平厚度较厚，会牺牲更多的净高；干得慢，工期长。

 注意！

①水泥：水 =1 ：2；太稠则水泥无法流动，太稀则容易起灰，需把控好比例。

②自流平通常要 3 天才能完全干透，在这期间要做好保护。

③施工完成后的地面，2 m² 内的高低差要小于 3 mm 才算合格。

注意！

①水泥浆应按 1 ：1.5 调好，水泥砂浆按 1 ：2 调好，找平厚度不应小于 20 mm。

③表面压光需分两次进行，注意压平、压实、压光。

④完工后至少养护 7 天，才能进入下一道工序。

第 6 章

墙面工程

墙面材料

墙面常见问题

墙面材料

在墙面装饰选择上，是刷漆好还是贴壁纸好？如果装成美式风格，选墙纸还是墙布？用墙漆甲醛挥发是不是最快？其实各种装饰材料都有各自的优势，让我们来了解一下这些材料的性能和优缺点吧。

1 乳胶漆

墙面使用的漆多是乳胶漆。乳胶漆又可细分为底漆与面漆。

底漆：底漆一能加固腻子层，二能提高面漆的附着力，使得墙面抗碱、防腐。底漆的施工在批刮腻子之后。

面漆：墙面丰富的色彩都是面漆的功劳，但它的作用不只是好看，还能使墙面光滑，抗划伤，耐老化，防潮、防霉。

想要墙面装饰效果好，下面所说的八步，每一个步骤都要把控好施工质量。

◆ 墙面检验

即检验基层墙面有无质量问题。好的基层是墙面施工成功的一半。

墙面检验

◆刷界面剂

界面剂是用来加固墙面的，起承上启下的作用。如果墙面没有问题，清理干净后，直接刷界面剂就好。

涂刷界面剂

◆基层找平

刷完界面剂后，就要开始墙面找平啦。找平的目的就是缩小墙面的高低差，让后续的施工效果更好。

墙面找平

◆ **挂网布**

挂网布是为了加固墙面，对于墙面状况不好的房子来说，这一步千万不能少。将网布在粉刷石膏上压平，铺贴平整，不可漏铺，必须满墙挂网，网布交接的地方要有 100 mm 的重叠。

◆ **批刮腻子**

刮腻子这步，就是为了给墙面精细找平。

注意!

① 腻子需要刮两遍，第一遍干透后，才能刮第二遍。

② 第一遍腻子干透后，可以稍微打磨一下墙面，清理干净后再刮第二遍。

③ 腻子不能刮太厚，否则后期容易开裂。

网布

刮腻子

◆ **打磨**

打磨是为了让墙面更加平整。用细砂纸打磨就可以。打磨时，每个细节都要到位，阴阳角、隐蔽位置也不例外，可以用辅助工具配合打磨。

墙面拉槽的部分也要打磨平整。打磨完成后，要将墙面浮尘清理干净。刮完腻子打磨完后，墙面的平整度偏差要求不大于 2 mm。

打磨

刷底漆

◆涂刷底漆

从刷底漆开始，墙面施工算是看到胜利的曙光了。一般刷一遍底漆、两遍面漆。底漆要按产品说明兑水，兑多或兑少都不合适。

◆涂刷面漆

刷完底漆，再刷面漆。涂刷时需两人合作，前面一人用中毛滚筒涂刷，后面一人使用细毛滚筒梳理。常温下间隔6 h左右滚涂第二遍。想要避免色差，可以让设计师去现场调色，确认色号。调过色的乳胶漆必须保留足够维修的量，避免后期需补色时有色差。

刷面漆

涂刷完成

2
墙固

为什么墙面要加固

墙固，全名为墙面加固剂，是一种界面固化黏合剂，是108胶水和界面剂的替代品。

验房的时候，摸摸墙面，经常会有掉砂、墙体表面疏松等现象，这样的墙面附着力是很低的，所以需要刷上墙固让基层更加紧实。

全屋都要刷上墙固

墙固的作用

①能够充分润湿墙面基材表面，并用胶水密实基层，提高界面附着力。

②提高砂浆、腻子层与墙面的粘结强度，防止墙面发生空鼓现象。

③对于要贴砖的墙面，刷上墙固可以提高砖砌预制集成的紧凑性。

 注意!

墙固是108胶水和界面剂的替代品，是这两样产品的升级款，整体效果更好，也更加绿色环保。

108胶水：全名叫聚乙烯醇缩甲醛胶，108胶水价格便宜，黏合强度高，虽然卖家说其甲醛含量极小，但还是不够环保。

界面剂：解决了108胶水的环保问题，主要用于墙面、地面基层处理和光滑基层的造毛处理。

108胶水

墙固让基层更加紧实

墙固施工

①施工时段：做油漆基层找平之前。

②施工注意事项：刷墙固之前，要对墙面上的颗粒物、粉尘进行处理，以防影响施工效果。

③配比与涂刷：建议在墙固中掺 20%～30% 的水，在墙面上涂刷 1～2 遍。

④雨天不建议施工。

墙固施工

3 墙纸

由于乳胶漆颜色、图案单一，很难改色，时间久了还会产生鼓包、掉皮、霉变等问题。与单调的墙漆相比，墙纸有丰富的样式和图案，能够直观地改变家居风格，营造不同的氛围。墙面贴上适合的墙纸，就像女孩子穿上了漂亮得体的时装，一下子变得光彩夺目。所以有人说："装扮女孩子的是时装，修饰墙面的是墙纸，墙纸即墙之时装。"

墙纸

注意！

南方潮湿地区或者一楼以及墙体另一面是浴室的房间，都不建议用墙纸，容易受潮、发霉，甚至起卷脱落。

墙纸的优缺点

优点：

耐擦洗，易更换，图案丰富。

缺点：

不防潮，易发霉，破损无法修补，防火性较差，铺贴要求高。

墙纸的施工流程

墙纸的铺贴并没有想象中那么简单，它对墙体表层要求很高，墙体表层必须十分平整。

铺贴墙纸对师傅手艺要求也高，如果对缝有差，花纹、图案等就会对不上，或是有阴阳面、露白边、溢胶等问题，这些都是很影响美观的。墙纸的施工主要分为五个步骤：

①基层处理 。

②刮腻子、打磨。

③滚涂基膜。

④将胶水涂在墙纸上。

⑤铺贴墙纸。

④ 墙布

墙布，顾名思义是贴在墙面用于装饰的一种特殊的"布"。通常以棉布为底，在上面做印花、浮雕，也可以做刺绣。墙布的纹饰以花卉和几何图案为主。

墙布的优缺点

优点：

①立体感更强。

墙布可以通过刺绣实现立体的纹理和图案，更生动形象。

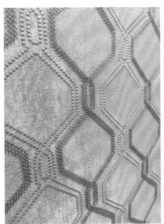

墙布

②耐磨、好打理。

墙布多经过"三防"（防水、防油、防污）处理，本身就耐脏、耐磨，日常打理用鸡毛掸子除尘即可，也可用湿毛巾加洗洁精擦洗。

③吸声、隔声。

墙布有凹凸纹理，能够起到吸声、消声、隔声的效果，非常适合用在卧室墙面。

缺点：

①款式相对较少，易审美疲劳。

墙布毕竟是布，它的工艺和花样没有墙纸那么多，刺绣的图案基本以写实的花鸟、几何图案为主，大面积铺贴容易使人审美疲劳，最适合单独做背景墙。

墙布更适合做背景墙

②价格更高。

墙布本身就比墙纸贵一些，而且它是按照整墙来测量定制的，遇到门、窗户、家具这些地方时必须裁掉，因此损耗大。

墙布的施工流程

①清理墙面基层，确保墙面平整。

②把胶粉与清水混合调成糊状，确定没有固体粉块，倒入胶浆，调成液状，均匀刷上墙面。

③以房间的隐蔽处为开始点，直至整个房间的墙布无缝闭合。

④割出窗、门、开关等位置。

墙布

5 墙咔

墙咔是一种以零甲醛、耐热、耐寒、阻燃、防潮的高密度竹木纤维板作为基础层，以透气舒适、品质环保、触感细腻真实的布艺和天然材质作表面的墙面装饰材料。

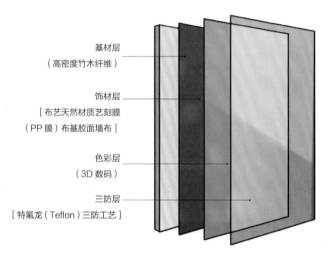

基材层
（高密度竹木纤维）

饰材层
[布艺天然材质艺刻膜
（PP膜）布基胶面墙布]

色彩层
（3D数码）

三防层
[特氟龙（Teflon）三防工艺]

墙咔的结构

墙咔的优缺点

优点：

①环保零甲醛，安装过程不使用胶水。

②防水、防霉、防火。

③不管是潮湿空间还是干燥空间都适合安装墙咔。

④安装简单，墙咔是扣在墙上的，一块一块拼起来即可。

⑤墙咔的图案可以任意定制，也可以定制壁画等图案，装饰效果很好。

缺点：

价格比较高。

墙咔

玄关处的端景就是用墙咔来营造高级感

墙咔的施工流程

①对施工造型板材切割划线。

②将拼接条扣于集成墙咔边缘，做上墙拼接准备。

③用红外线水平仪找到基准点，确保横平竖直。

④墙面造型部分需先在墙体上划线，然后用射钉枪将拼接条钉于墙面上。

⑤拼合墙咔。

⑥用收边条收边。

⑦安装完成后，注意清洁墙咔表面，保证干净整洁。

艺术涂料是一种新型的环保内墙涂料，它可以做出各种肌理效果，效果自然，使用寿命长。

艺术涂料种类

◆微水泥

微水泥主要成分有水泥、水性树脂、添加剂、矿物颜料等。色彩丰富，应用面广，适合所有空间和绝大多数风格。

特点： 耐磨、抑菌，通体防水、防霉、防火等级高。不起皱，适合任何空间顶面、墙面、地面。

微水泥

◆水泥漆

水泥漆又叫清水混凝土，常用于墙面，耐磨性与抗压性虽不如微水泥，但耐水性、耐碱性优良。

特点： 快干、漆膜坚固、耐候性优，光泽保持长久，通常被运用于工业风、侘寂风空间。

水泥漆

肌理漆

马来漆

◆肌理漆

肌理漆即有肌理效果的艺术涂料，主要成分是贝壳粉和天然树胶，绿色环保。

特点：可防粘贴，耐刮擦，不发霉，对于墙壁的细小裂缝具有很强的遮盖性和抗裂效果，但施工复杂。

◆马来漆

马来漆又叫威尼斯灰泥，因漆面纹理似马奔驰而留的蹄印，所以被命名为"马来漆"。其漆面光洁，有石质效果，常用的种类有单色、混色、幻影等。

特点：具有防水防腐、抗污耐磨等作用；选择颜色时可以选择略深些的，因为时间久了会有少许褪色；施工简单。

艺术涂料优缺点

艺术涂料作为一种新型的墙面装饰材料，它的优势与劣势十分明显。

艺术涂料更为环保

优点：

①美观度较高。

②原材料多为贝壳粉和天然树胶类，环保。

③硬度高，抗划。

④防潮，防霉。

⑤可擦洗，不起皮，不开裂。

⑥防火又阻燃。

缺点：

①与普通的涂料相比，它的价格更贵。

②对施工团队的要求更高，施工人员的审美和技术直接影响施工效果。

艺术涂料施工流程

虽然艺术涂料的种类多、性质不一，施工流程方面也有所差异，但总的来说基本施工流程有基层处理、刷底漆、刷面漆、效果点缀、打磨、罩光漆等工序。

①处理好基层表面的灰尘、污渍，做好防水，用腻子找平。

②确保基层表面干燥后，开始涂艺术漆专用底漆。

艺术涂料

③涂第一遍面漆，根据想要呈现的效果，在墙面上做出不同图案、纹理等。

④等上一遍漆彻底干燥后，开始涂第二遍面漆，用批刀填补空隙。

⑤若是深色的艺术涂料，最好再加一遍面漆；若是浅色的，两遍就够了。

⑥用 500 号的砂纸轻轻打磨毛糙处。

⑦有的立体涂层需要额外喷涂一层防尘面漆，形成保护层。

💡 **注意!**

①应确保基面平整、牢固、干净、干燥。

②在涂底漆、涂料、面漆前，必须确认上一道漆完全干燥。

③涂覆时要均匀，不能出现局部沉淀。

④为保证漆面光泽度，涂料放置时间不宜过久，随用随调。

⑤温度低于 0℃时，乳液会失去黏性和成膜能力，须确保施工温度在 5℃以上。

⑥完成后一定要对墙面进行防护，防止后期施工时划伤。

护墙板，可以简单理解为在墙面装饰中起到保护墙面作用的板材。

护墙板的分类

◆ 按材质分

①实木板。

实木板是采用完整木材制作而成的板材，颜值高，当然价格也较高。

②人造板。

人造板种类颇多，其中多层板和颗粒板这两种是护墙板中最常用的，也常与乳胶漆搭配使用。

实木护墙板装饰效果

多层板护墙板装饰效果

③竹木纤维板。

竹木纤维板主要由竹纤维和木纤维混合压制而成，既有实木的质感，价格又比较低，非常适合预算有限又想要护墙效果的家庭。

◆ **按类型分**

①整墙板。

顾名思义，整墙板就是可整面墙铺装的护墙板，一般用来做大面积的背景墙，视觉整体性特别强。

②半墙板。

就是我们常见的半墙墙裙。它在一些复古、美式等风格中常见，也常与乳胶漆、墙纸、墙布等组合搭配。

整墙板

半墙板

护墙板的作用

不管在实用性还是在颜值方面,护墙板的表现都比较突出。

◆对墙面的保护性强，耐磨耐用

护墙板确如其名，能够很好地保护墙面，它比乳胶漆、墙纸、墙布都更耐磨、耐擦洗，有污渍也不怕，尤其适合有小孩的家庭。并且护墙板还不存在像乳胶漆墙面那样开裂以及墙纸、墙布鼓包等问题，经久耐用。

◆ 起到隔声作用

护墙板相当于在墙面上安装一个"罩子"，可以起到一定的隔声作用，尤其适合卧室使用。注意，虽然护墙板有隔声作用，但是它依然无法取代专业的隔声设计。

◆ 美化空间，提高家居颜值

护墙板款式、种类、色彩多样，业主可以根据不同的风格和空间需求来搭配。不管是作为局部背景墙使用，还是用作整屋墙面装饰，它的效果都非常好。

美式风格中的护墙板

法式风格中的护墙板

现代风风格中的护墙板

护墙板的安装方法

◆ 干挂法

干挂法用挂件固定木饰面，是比较常见的木饰面安装方法。干挂法的挂件材质分为木质和金属两种。

①木质挂件：适用范围广，调节方便。

②金属挂件：潮湿环境下耐用性更久。

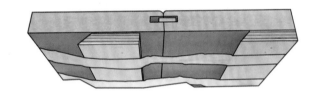

干挂法

◆ 粘贴法

此法适用于较薄且需要满铺的木饰面，用液体钉将木饰面固定在基层板上。它对基层材质条件要求较高，但安装的人工成本低。

粘贴法

弹线

护墙板的施工流程

◆ 放线、打孔

按设计图确定墙面位置，根据图纸上的尺寸要求，弹出水平、垂直线来画出分格。根据分格线来打孔，再将木楔植入孔内。木楔最好经过"三防"（防腐、防火、防虫）处理。

> **注意！**
>
> 在施工前要对木制面板进行防潮处理，一般是在龙骨或基层板刷水柏油，形成防潮层。

◆ 安装龙骨基层

方位确定后，要进行龙骨基层安装，也就是沿线安装龙骨或欧松板条。龙骨材质可分为轻钢龙骨、木质龙骨。

轻钢龙骨基层：耐用性好，适合在木饰面安装不复杂时使用。

木质龙骨基层：造价低，性价比高，是较常见的选择。木质龙骨需用防火材料将其涂刷两遍，晾干后再拼装。

轻钢龙骨基层

木质龙骨基层

◆ 安装欧松板

在基层安装完毕后、正式安装饰面板前，要对龙骨基层进行调整，防止因基层不平整造成饰面板有凹凸的情况。

可根据施工要求，用欧松板条制作框架，并于正面安装 12 mm 厚欧松板。

 注意！

① 安装前要先检查基层墙面是否完全垂直、平整。

② 基层与龙骨架之间的凹凸处可用方木进行调整。

③ 固定基层的自攻螺丝间距不应大于 300 mm。

欧松板基层

◆ **安装饰面板**

　　将基层调整平整后即可进行饰面板安装。一般饰面板采用纹钉进行安装，需保证面层的平整垂直。

饰面板安装后效果

8

集成墙面

竹木纤维集成墙面

集成墙面是一种新潮的环保型装修材料，主要由竹木纤维和晶石粉经过高温压制而成。

优点： 保温、隔热、隔声、防火、防水、防潮、硬度高、绿色环保、安装便利、节约空间。

缺点： 属于中高端装修材料，价格略高。

集成墙面的种类

◆ 竹木纤维

目前市面上的集成墙面中运用面最广的材料就是竹木纤维，它的主料为发泡型 PVC、碳酸钙、竹木或木粉。竹木纤维面板有实木的质感，装饰感极强。

◆ 石塑

石塑面板主要由食品级树脂材料和天然大理石粉组成，表面经过处理后，有石材的质感。

但是"一分价钱一分货"，石塑面板的质感与真正的石材相比，还是有一点差距的。如果选石塑面板，建议不要选择价格太低的产品，会有塑料感。

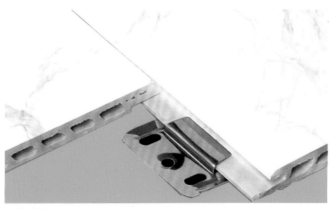

石塑面板

◆ 铝合金面板

铝合金集成墙面的组成相对来说复杂一点，它是由铝锰合金、隔声发泡材料、铝箔和表面装饰层组成的。铝合金集成墙面经过表面装饰材料的包裹后，花纹样式更多，装饰感更强。

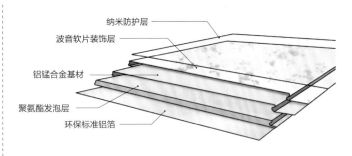

纳米防护层

波音软片装饰层

铝锰合金基材

聚氨酯发泡层

环保标准铝箔

铝合金集成墙面

集成墙面的安装流程

◆清理墙面

为了保证集成墙面安装后平整美观，墙面基层一定要清理干净。

◆分格弹线

按集成墙面的具体设计，确定施工位置与接缝位置，并在墙面弹出水平及垂直线。

◆底层处理

底层的处理，主要分为两种情况，安装龙骨或不安装龙骨。

◆安装龙骨

根据集成墙面的长度确定龙骨的位置后进行安装。注意龙骨要找平，误差小于 2 mm 最佳。

弹线定位

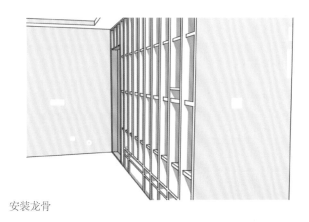

安装龙骨

注意!

在墙面没有太大问题的
情况下，可以直接安装
集成墙面。

◆**安装集成墙面**

集成墙面的安装方式不止一种。第一种安装方法就是将集成墙面通过卡扣用气钉固定到龙骨上。第二种安装方法是固定到墙面上直接通过卡扣将面板固定于毛坯墙面，适合墙面状况良好的空间。

把集成墙面固定在龙骨上

把集成墙面固定到墙上

◆**处理转角收边细节**

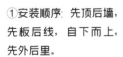 **注意!**

①安装顺序：先顶后墙，
先板后线，自下而上，
先外后里。

②安装板材时，每一块
都必须安装周正。

③放置板材时，要注意
保护，避免因操作不当
对板材造成损伤。

集成墙面完成后效果

9

墙砖

墙砖的选购

◆从耐划、吸水、耐压、防滑、渗污性能等方面选购

买砖前先看样砖，如果是网购，可以让商家先寄几块样砖看看。

◆要选择正规厂商的产品

正规厂家的产品包装上会明显标有厂名、厂址、色号、商标、规格、等级、工号或生产批号等，并有清晰的使用说明和执行标准。

◆选购墙砖时一次买到位

不同批次的砖会有色差，因此购买时应一次买够，后期铺贴时用多少泡多少，多余的可以退。

墙砖装饰效果

墙砖的施工

◆ 施工前，对墙面基层进行检查

检查墙面是否有空鼓；检查墙面的方正度、平整度、垂直度偏差；检查粉刷层强度，是否存在掉砂问题。

①若发现空鼓，应凿开修复，针对缺失部位使用砂浆修补。

②墙面高低差超过 2 mm 时，为防止其影响墙砖铺贴效果，需对墙面进行找平。

③掉砂严重时，先进行铲除，再进行挂网粉刷。

◆ 施工前，先清理墙面上灰尘、油渍等污染部位，再涂刷墙面界面剂，增加墙面的粘结强度，减少空鼓率

◆ 施工前，清理瓷砖背后的浮尘、油蜡，清理完成后涂刷背胶，使用橡皮垫进行分离垫高，防止其粘结到一起

◆ 正式铺贴前，对墙砖进行预排板，以便及时调整图案造型

◆ 正式铺贴墙砖

墙砖施工

注意！

①需要做防水的墙面，应在瓷砖铺贴前先做好防水。

②铺贴墙面时，应采用 1：2.5 的水泥砂浆或者瓷砖黏合剂，厚度宜为 6~10 mm。

③墙面阳角在非特别要求下应 45°倒角对接，倒角后需要磨光。为防止崩瓷、缺角等情况出现，倒角应预留 1 mm 厚度。

④门窗口阳角应尽量用整砖；暗盒外口不得低于砖面 15 mm 以上。所有内丝弯头与墙面砖的水平偏差不应大于 2 mm，内丝弯头出砖孔一定要用开孔器开孔。

⑤墙砖铺贴应该自下而上，千万不能一次贴到顶，要分层铺贴，防止倒塌。

⑥铺贴地砖有两种方法：干铺和湿铺；墙砖只有湿铺一种方法。

10
玻璃砖

玻璃砖，即用透明或彩色玻璃料压制成的块状玻璃制品，分空心玻璃砖和实心玻璃砖。空心玻璃砖也叫水晶砖。

玻璃砖的选择

◆从砖的材质选择

①空心玻璃砖。

空心玻璃砖是用两块砖拼接而成的，内部空心，这样的砖隔声效果会更好。

空心玻璃砖

②实心玻璃砖。

实心玻璃砖则是将高温玻璃液体倒进模具里固定成形，这样的砖更加晶莹剔透。

 注意!

①卧室等区域如果想要更好的隔声效果，则建议选空心玻璃砖。

②其他区域可根据装饰效果选择。

实心玻璃砖

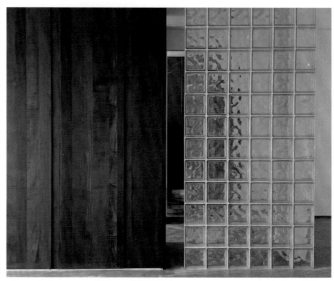

玻璃砖墙

◆根据颜色来选

①无色玻璃砖。

无色玻璃砖很百搭，所有风格的设计都可以直接选择它，不光设计感强，性价比也比较高。

无色玻璃砖

②彩色玻璃砖。

彩色的玻璃砖可以根据想要呈现的装修效果来选择，建议根据设计师的意见选购。另外，彩色的玻璃砖价格会比无色玻璃砖价格高。

彩色玻璃砖

彩色玻璃砖

玻璃砖的施工

常见的玻璃砖施工方式有三种：

◆砂浆砌筑

①根据玻璃砖规格做好排板。
②放线定位，竖向植入钢筋，确保稳固。
③用白水泥砌筑玻璃砖。
④修整缝隙。

◆直接打胶安装

◆套入螺杆

将穿孔水晶砖直接套入固定好的钢筋螺杆中，稳固性会更好。

> **注意！**
>
> 为了确保稳固性，大面积砌筑时不建议使用打胶安装的方式。

11
木器漆

木器漆的种类

◆水性漆和油性漆

水性漆：气味小，环保性稍好于油性漆（还是有甲醛），但耐磨性与耐水性没有油性漆好，价格较高。

油性漆：耐水、耐磨效果好，性价比高，是目前市面上的主流木器漆；气味大，装修后要注意通风。油性漆又主要分为硝基漆（NC）、聚酯漆（PE）、聚氨酯漆（PU）、紫外光固化木器漆（UV），综合性能与性价比，PE与PU更加优秀。

◆开放漆与封闭漆

刷上开放漆后还可以清晰地看到木材本身的纹理，而封闭漆是通过刷漆来装饰木材。选开放漆还是封闭漆，关键点不在油漆上，而在木材上。如果业主家的家具使用的是纹理

水性漆

油性漆

美观的实木板材，那选开放漆自然没话说；如果是颗粒板，封闭漆才是比较好的选择。

开放漆

封闭漆

木器漆施工与选购的注意事项

①阴雨天气对油漆的施工不太友好，木器漆同样不推荐在阴雨天施工。

②最好不要与乳胶漆同时施工。

③施工前最好检测木材的含水率并确保含水率低于15%，否则可能会造成漆面开裂。

④施工时要注意保护五金件，避免其受到油漆污染。

⑤选购时不要迷信进口产品，不要相信"零甲醛"的虚假宣传。

石膏线的种类

◆石膏线条

长条形的石膏线条自带样式不一的花纹，可简约，可精致。按使用空间来分可分为两种：

①墙面石膏线条。

墙面石膏线条主要的作用是装饰墙面，让空白的墙面富有立体感，增加空间的艺术气质，凸显设计风格。

墙面石膏线条

②吊顶石膏线条。

用于吊顶的石膏线条与用于墙面的石膏线条大有不同，它呈三角结构与天花顶部的墙角贴合，内部中空，可隐藏水管等线路。当然，也能起到装饰作用。

吊顶石膏线条

◆石膏角花

常用于两条垂直相交的石膏线条交会处，非常精致，易于营造墙面的优雅高级感。

石膏角花

◆石膏灯盘

在主灯设计中，石膏灯盘一般与吊灯组合使用，两者相互衬托，可以让天花板看起来美观不单调。

石膏灯盘

总之，不管是用于客厅、卧室抑或其他空间，都要根据背景墙的大小和整体设计风格来选择石膏线的样式和布局。

石膏线的选购

◆看产品厚度

好的石膏线条有一定的厚度且薄厚均匀，这样才能保证石膏线拥有较久使用年限和寿命。

石膏线条

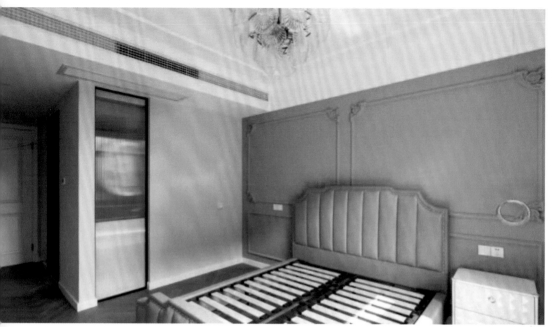

石膏线条

石膏角花

石膏线白坯

◆看表面光洁度

由于石膏线条有图案花纹，在安装时不能进行磨砂等处理，所以对表面的光洁度要求较高。只有表面细腻、手感光滑的石膏浮雕装饰产品在安装刷漆后，才会有好的装饰效果。

◆看花纹深浅

石膏线条的图案花纹的凹凸深度应在 10 mm 以上，这样在安装完成并经过油漆处理之后，才能依然保持立体感，完美呈现出装饰效果。

◆敲击表面听声音

用手敲击石膏线条，如果出现发闷的声音，则一般质量不好；如果敲击声音清脆，说明石膏线条质量不错。

石膏线的安装

石膏线一般都是白坯的，通过乳胶漆上色才能呈现想要的效果。

①先平整墙面并将其清理干净，以免石膏线条因安装不平而降低其使用寿命。

②清洁石膏线条并对其进行粘贴固定。若有空隙，则要及时修补，以免出现拼接痕迹。

③用油漆上色即可。

13 踢脚线

踢脚线的特点

◆ 隐藏地板缝隙

地板在铺设时，会与墙面形成一定的缝隙，而踢脚线最重要的功能之一，就是遮挡缝隙，提高空间美观度。

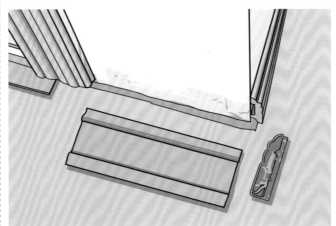

踢脚线能够很好地隐藏地板缝隙

◆ 保护墙面

平时穿鞋不小心踢到墙面可能会把墙面弄脏，打扫拖地时，拖把可能会碰到墙面，装上踢脚线后即可保护墙面，避免这些问题。踢脚线还能起到隔挡作用，防止家具磕碰墙面。

踢脚线能够起到防止家具磕碰墙面的作用

◆隐藏线路

选择内部带孔槽的踢脚线，可以隐藏线路，提高家居美观度。

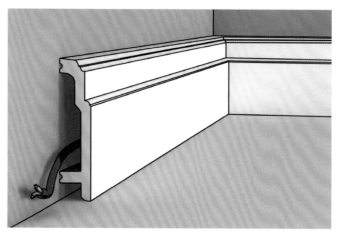

隐藏线路

◆视觉过渡

增强墙与地之间的边界感，提高空间整体线条感与层次感，提升家居整体颜值。

过渡墙面和地板

提高家居整体颜值

◆ **易积灰**

　　这是踢脚线最大的一个痛点了，毕竟扫地、拖地一般都顾及不到踢脚线，需要定期对其进行单独打扫。

易积灰

常见的踢脚线种类

◆ 木质踢脚线

优点： 视觉效果好，安装方便，风格百搭。

缺点： 耐磨性较差，使用寿命较短，易受潮。

注意！

木质踢脚线分为实木和密度板，实木视觉效果最好，但安装、维护的成本高。密度板成本相对较低，适合预算不高的家庭。

木质踢脚线

◆ 竹木纤维踢脚线

此为木质踢脚线的平替，外观仿木质。

优点： 价格便宜，外观接近木质踢脚线。

缺点： 质感、耐用性欠佳；长期使用容易变形、脱落等。

竹木纤维踢脚线

◆ 石材、瓷砖踢脚线

对于地面铺地砖的空间来说，用石材或者瓷砖来做踢脚线是很常见的。

优点： 好安装，硬度大，耐用性强，视觉效果好。

缺点： 适用范围有限，一般适用于地面铺贴石材或瓷砖的装修空间。

石材踢脚线

◆ 金属踢脚线

优点： 耐磨性好，不易老化，好打理。

缺点： 适用风格单一。

 注意！

①综合比较，木质踢脚线、石材踢脚线性价比较高。

②传统踢脚线一般高度在 6~10 cm，如果想要提升家居整体颜值，那么可以选择极窄的踢脚线，高度在 3~6cm。

③在装踢脚线之前，要规划好衣柜、书桌、床等家具的位置，避免因家具无法贴墙而留下影响美观的缝隙。

④一般情况下，踢脚线与地板、地砖一起安装。贴壁纸的话，建议在壁纸贴好之后安装踢脚线。

金属踢脚线

踢脚线的配色

◆白色
　　白色是永恒的百搭色，不知道踢脚线选什么颜色时就选它吧，绝对不会出错！

白色踢脚线

◆与门框同色
　　踢脚线颜色与门一致，可以凸显整体装修风格，让空间更有层次感，比较适用于大空间。

与门框同色的踢脚线

◆与地面同色

踢脚线与地面颜色一致，在视觉上形成地面对墙面的延伸，让墙和地的过渡不突兀，比较适合小户型。

与地面同色的踢脚线

◆与墙体同色

踢脚线与墙体同色可以起到扩大视觉空间的效果，让地面和墙面衔接更流畅。

与墙体同色的踢脚线

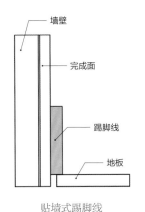

贴墙式踢脚线

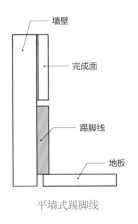

平墙式踢脚线

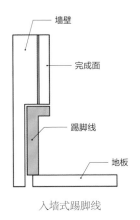

入墙式踢脚线

踢脚线的安装方式

◆ 贴墙式踢脚线

最常见的踢脚线安装方式就是贴墙式安装，踢脚线凸出于墙面。

①安装方法：

用钉子或黏合剂将踢脚线安装在墙上。

②优缺点：

优点：安装方便，性价比高。

缺点：易落灰。

◆ 平墙式踢脚线

①安装方法：

在墙面开槽，将踢脚线嵌入墙体，使其与墙面保持平齐。

②优缺点：

优点：解决了易积灰的痛点。

缺点：施工难度高，价格贵。

◆ 入墙式踢脚线

①安装方法：

也是在墙面开槽,但是要开更深的槽,将踢脚线嵌入其中。

②优缺点：

优点：视觉效果好，墙面看上去像是悬浮在地面上，有层次感，也解决了踢脚线易积灰的问题。

缺点：过窄的踢脚线，底部不好打扫；工艺造价高。

总的来说，想要性价比高，选贴墙式踢脚线；想要做卫生方便一些，选平墙式踢脚线；想要更好的装饰效果且预算充足，选入墙式踢脚线。

墙面常见问题

如果业主找了装修公司，有项目经理把关，那么一些常见问题比较容易避免。如果业主是自己找的施工队，就一定要看好他们的工作，因为哪怕是基层没处理好，后期入住也会有一堆麻烦。

1

墙面空鼓起泡、脱落

原因

①抹灰砂浆配比不合适。
②抹灰前基层清理不干净。
③基层不够平整。
④涂料、漆桶、刷子、喷枪、滚筒等有杂质。

补救办法

墙面有空鼓起泡时，要铲除所有起泡的部分，基层腻子有问题就要铲除腻子，重新做一次。

墙面空鼓起泡、脱落

墙面空鼓起泡示意图

2

墙面起皮、发霉

这种起皮和前面讲的起泡掉皮不同，它是由于墙面被水浸泡形成的，一般出现在卫生间的外墙上。

原因

①卫生间没做好防水。

②卫生间外墙面没有刮耐水腻子。

补救办法

卫生间要重新做防水，再把起皮的地方铲除，重新刮耐水腻子，然后上漆。

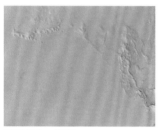

墙面起皮、发霉

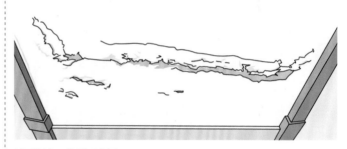

墙面起皮、发霉示意图

3

墙面开裂

原因

①房子主体沉降引起的，这种开裂基本无法解决。

②装修时，此处为两种材料的衔接处。

③墙面开槽过的位置产生裂缝。

④腻子刮得太厚。

补救办法

先搞清楚开裂的原因，再确认开裂是出现在水泥层、找平层还是抹灰层。重新修补施工时，两种材料的衔接处用防裂网布加固，上完一遍腻子后，等干透了再上下一遍，每遍腻子的厚度不超过 2 mm。

墙面开裂

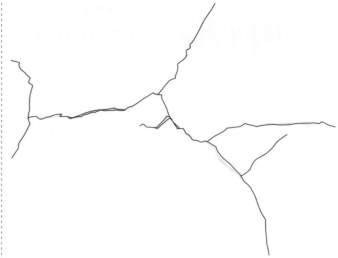
墙面开裂示意图

注意！

墙面的细微裂纹并不是什么大问题，修补一下就好啦。

修补方法：打磨墙面至腻子层→重新刮腻子→打磨平整→刷底漆→刷面漆。

4 墙砖脱落

原因

①地砖吸水率较低，当墙砖用时容易脱落。

②墙砖铺贴前未浸水或浸泡时间不够。

③水泥砂浆调和比例不对。

④基层抹灰处理不干净。

⑤墙砖靠近热源，受热胀冷缩影响。

补救办法

　　瓦工师傅如果把握不好水泥砂浆的配比，那么建议用黏结剂，这样铺贴的墙砖更加稳固牢靠。不过大块的墙砖即使用黏结剂也有可能脱落。黏结剂没有选对，或是师傅没有按照要求使用，墙砖都会出现脱落现象。

墙砖脱落示意图

第 **7** 章

吊顶工程

铝扣板和集成吊顶

石膏板吊顶

木饰面和桑拿板吊顶

铝扣板和集成吊顶

客厅、卧室可以选择不吊顶设计，但是厨房、卫生间不行，尤其是降层排水的房子，天花板上往往是楼上邻居家的下水管道。

1 铝扣板吊顶

铝扣板吊顶是当下最普遍、性价比最高的厨卫吊顶方式。铝扣板吊顶具有耐高温、阻燃、防发霉、易清洁、不黄变、无污染的优点。

现在市场上主流的铝扣板是 300 mm×300 mm 的正方形，也有 450 mm×900 mm 的长方形。

在选择铝扣板的时候，要注意扣板的厚度。一般来说，扣板厚度为 0.4 ~ 0.9 mm 即可，像 0.45 mm、0.5 mm、0.6 mm 都是市场上常见的厚度。扣板越厚，价格就越高。

厨卫用的铝扣板，选择 0.5 mm、0.6 mm 厚的都可以。

铝扣板吊顶

② 集成吊顶

集成吊顶就是增加了电器的铝扣板吊顶。天花板上除了吊顶外，还需要安装负责照明的灯具、洗澡用的风暖或灯暖、换气扇等。

在选购吊顶的时候，可以结合电器买套餐，比较省事，也划算。

集成吊顶

3 施工工艺

安装所需要的吊杆、龙骨、收边条等辅料都是与铝扣板配套的，正常情况下无需另外购买。在选购前要注意与商家确定好相关安装事宜。

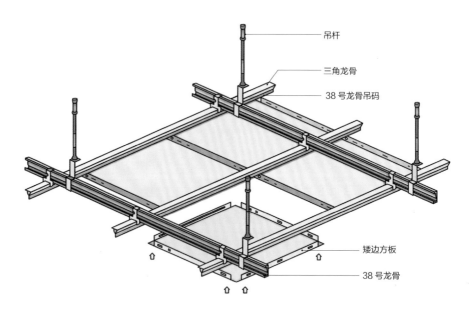

铝扣板集成吊顶施工工艺

吊杆

三角龙骨

38 号龙骨吊码

矮边方板

38 号龙骨

石膏板吊顶

石膏板吊顶美观性强，被广泛用于客厅、卧室、走廊，它具有防火、隔声、隔热、阻燃，施工方便的特点。近几年来，防水石膏板吊顶也被应用于卫生间和厨房。

1 选购

从种类上来说，吊顶的石膏板要选择经过防水防火处理的纸面石膏板。

从质量上来说，建议选择正规品牌的产品。

在把控产品质量时，要注意观察石膏板的表面是否光滑；好的石膏板不能有孔洞、裂纹、缺角、色彩不均等现象；看侧面质地是否密实，有无空鼓；石膏板越厚实，越耐用。

要点

吊顶漆面出现裂缝的补救办法如下：

①先铲除开裂部分的漆膜。

②准备再次施工。

③过于粗糙的基底，要先用腻子或者嵌缝膏刮平。

④施工时需注意，漆膜一次不能涂得太厚，并要保证前层干透再施工。

⑤阴雨天、回南天、气温在0℃以下时不建议施工，漆膜干得慢，会影响效果。

⑥施工结束后，要记得多开窗通风，散散甲醛。

卫生间石膏板吊顶

西厨石膏板吊顶

吊顶放线

吊顶放线即确认标高线，确定造型位置线，确定吊点位置线及家具定位线。简单来说，放线就是确认好所有吊顶的位置，有什么需要调整的，在这个环节就要调整好，否则后期再改就会很麻烦了。

打孔安装吊杆

①按照吊挂点的布局线打孔，不能随便打。

②边龙骨按四周墙面的标高线打孔，固定间距不大于600 mm。

吊顶放线

③安装吊杆，吊杆距主龙骨端部不能超过 300 mm，否则需要增设吊杆。

④需在中央空调、新风系统等设备两端增加吊杆，以保持顶面稳定性。

简单来说就是距离要合适，安装要稳固。

安装龙骨

装好吊杆，接下来就可以安装龙骨了。在安装龙骨之前，需要根据设计避开筒灯位置。主龙骨间距为 900 mm，次龙骨间距为 300 mm。检查吊顶骨架，必须牢固可靠。

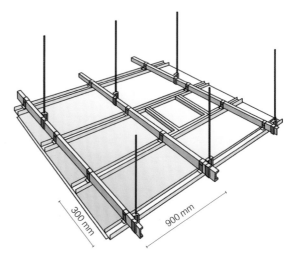

吊顶龙骨安装示意图

制作窗帘盒

安装好吊杆、龙骨，接下来要制作窗帘盒了。

制作窗帘盒的步骤是：定位弹线→打孔→安装骨架→裁板→封板。

窗帘盒安装

制作风口

如果家中安装有新风系统、中央空调，就需要制作出风口、回风口、检修口；如果没有安装这些，则不需要。空调出风口、回风口、检修口附近，需要使用木方或木工板加固副龙骨，防止因副龙骨锈蚀，吊顶不牢固。

已完成的吊顶

安装石膏板

①安装石膏板之前，需注意吊顶内是否有遗留物品。

②单层石膏板安装时，石膏板的长边应顺着主龙骨方向铺设，长边对缝，短边错缝，缝隙宽在 3 ~ 6 mm。

③安装双层石膏板时，上下层板的接缝应该错开。

④石膏板与墙、柱交接处要留缝。

⑤转角处要用整块石膏板安装，可做成 L 形和 T 形。

安装石膏板

木饰面和桑拿板吊顶

木饰面和桑拿板吊顶具有简约、自然、温润的装饰效果，可以提升整个空间的品质。木饰面也具有遮挡、保护的实用性。

1 木饰面吊顶

木饰面吊顶常常与墙面、地面做一体式设计，可以营造充满安全感的独立的空间效果，最适合局部空间或独立空间使用。

木饰面吊顶

2 桑拿板吊顶

桑拿板最开始是用于桑拿房的，其防水、防潮还耐高温，不易变形。桑拿板本身的造型和颜值也可以起到点缀和划分空间的作用。

桑拿板吊顶需要使用含水率达标的木质龙骨，并涂上防火漆。

桑拿板吊顶

与石膏板吊顶一样，木饰面和桑拿板吊顶也要注意预留检修口。

龙骨

阴角线

阳角线

吊顶扣板
吊顶扣板

木饰面和桑拿板吊顶结构

第 8 章

门窗工程

室内门的选择

断桥铝窗与窗台石的选择

室内门的选择

室内门是装修不可缺少的部分，很多业主在选购室内门的时候，时常陷入迷茫，不知怎么选择。室内门的种类有哪些？它们的优缺点是什么？本节做了详细的介绍。

卧室门

注意！

现在市场上凡是带有"实木"二字的门都自称实木门，商家都这样写，不会特别说明是否为真正的实木门，业主买门时一定要问清楚。

材质和特征

◆ 实木门

实木门不管是门框还是内芯都取材自天然原木，成品实木门具有不变形、耐腐蚀、无裂纹、隔热、隔声等特性，但是价格比较贵。

实木门结构

◆ 实木复合门

实木复合门是用实木做门框，内部填充杉木条或松木条，表面贴天然木皮。更廉价的复合门会把天然木皮换成PVC贴纸，内部填充物也是一些其他的边角废料。实木复合门性价比较高，性能稳定，隔声、隔热，不易变形，环保性也还可以。

实木复合门结构

实木复合门

◆蜂窝纸门

蜂窝纸门体的内部类似蜂窝纸，强度低，很脆弱，不过蜂窝结构还是能够起到一部分隔声作用的，只不过质量真的一言难尽。

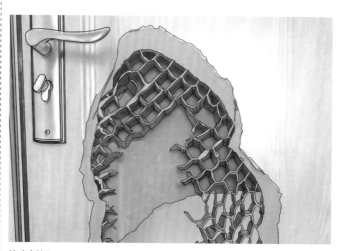

蜂窝纸门

◆桥洞力学板

桥洞力学板主要构成门芯的内部结构，它的主要材质是实木木屑，但在结构上运用了建筑学的原理，内部的空隙可以吸声、隔声。

桥洞力学板

总的来说，从隔声效果看，这四者排序为：实木、实木复合门、桥动力学板、蜂窝纸。

从市场角度看，实木复合门是选择最多的一种，性价比较高。

缝隙会影响隔声效果

◆在门的四周贴上静音条

门四周贴静音条的目的主要是缓冲关门的时候门与门框的撞击，从而减少噪声，还可以起到隔声、保温的作用。

静音条

◆底部加密封条

门的底部一般多多少少都会有一点缝隙，想要彻底隔声，就加装一个密封条，这样声音一点都跑不出去。

密封条

推拉门的种类

◆地轨门和吊轨门

推拉门是有轨道的，按照轨道的位置，可以分为地轨门和吊轨门。

①地轨门的轨道在地上，上方有导轨，门下方装暗轮以便滑动。安装简单、使用方便、隔声、密闭性好。

地轨推拉门局部

②吊轨门的轨道安装在门洞上方，其最大的优点是没有地轨，门体悬于地面之上，没有卫生死角，也不会绊倒人。

吊轨推拉门

◆ 内嵌式推拉门

内嵌式推拉门将轨道嵌入墙体隐藏起来，视觉效果更高级。不过，这种内嵌式的推拉门更适合吊轨门。其特点是维修不便、安装成本高。

内嵌式推拉门

 注意！

相较于其他推拉门，虽然谷仓门的密闭性和隔声效果不太好，但是，它美观性好，非常适合厨房、储藏室、洗衣房、衣帽间等对私密性要求不高的空间。

◆ 折叠式推拉门

当一扇或两扇门满足不了大空间需求时，多扇式折叠推拉门就出现了。这种门看起来更轻盈、时尚，但是对五金的要求非常高。虽然推拉门的种类很多，但是下面这三款点名率最高：

①谷仓门。

谷仓门门板材质以实木和复合实木为主，有时也会加入玻璃等元素。门板款式也较为多样，可以是一整块板材，也可以是多块拼接的，很灵活。

谷仓门 1

谷仓门 2

②黑框玻璃推拉门。

黑框玻璃推拉门集美观与实用为一体，能够提升家居高级感。此外，黑框玻璃推拉门也可作为隔断使用，打造个性化的家居空间。

黑框玻璃推拉门

◆木质栅栏推拉门

木质栅栏推拉门既可以区分空间，又有足够的通透感，还能凸显空间的温婉优雅，着实完美。

推拉门的选购

◆看材质

市场上推拉门的材质主要有铝合金、铝镁钛合金、塑钢这三种。比较推荐铝镁钛合金，它不生锈、不变形、不褪色，强度和韧性较好，耐用性较强。

◆看滑轮

一般推拉门分为上、下两组滑轮（吊轨门只有一组），好的滑轮结构相对复杂，不但内有轴承，而且还用铝块将两轮固定，使其可定向平稳滑动，以减少噪声。

◆看玻璃

如果是玻璃推拉门，一定要选择带 3C 认证标志的钢化玻璃，成本不会高出太多，但是相对安全很多。

◆看五金配件

锁扣、拉手虽然不起眼，但也很重要。在经济条件允许的情况下，应尽量选好的五金，延长推拉门的使用寿命。

推拉门的养护

◆门板清洁

推拉门板尤其是玻璃推拉门板，极容易留下印记，可以用柔软干燥的棉布或丝绸蘸中性清洗剂或专用清洗剂清理。

◆边框清洁

推拉门的边框一般是金属的，需要用干棉布擦拭，避免接触水后金属表面生锈或损坏，影响美观。

 注意!

玻璃有长虹玻璃、磨砂玻璃等种类，从颜色上可分为白玻璃、超白玻璃等，建议业主线下选购。

3 防盗门

◆**轨道清洁**

地轨推拉门的轨道是天然的积灰死角，可以用吸尘器清洁，建议打扫得勤快一点。

◆**滑轮养护**

滑轮是推拉门的灵魂，在日常使用中别忘了保养滑轮。

防盗门的种类

防盗门对每个家庭来说都是必不可少的，全称"防盗安全门"。它是可以在一定时间内抵抗非正常手段开启，并带有专用锁和防盗装置的门。

防盗门

◆**栅栏式防盗门**

栅栏式防盗门由钢管焊接而成，是比较常见的一种防盗门。它最大的优点就是通风、轻便、造型美观，而且价格相对较低。

栅栏式防盗门

实体式防盗门

◆ **实体式防盗门**

实体式防盗门采用冷轧钢板挤压而成，门板为全钢板，厚度多为 1.2 ~ 1.5 mm，耐冲击性强。

门扇的双层钢板内填充岩棉保温防火材料，具有防盗、防火、隔声、绝热等优势。一般门上都会安装猫眼、门铃等设施，实用性比较强。

◆ **复合式防盗门**

复合式防盗门由实体式防盗门与栅栏式防盗门组合而成。这种防盗门既能防盗，又能隔声，夏天防蝇蚁、通风散热，冬季保温保暖。

复合式防盗门

防盗门选购技巧

作为家里的门面担当，防盗门有着举足轻重的地位。在选购时，要注意以下这几点：

①应根据居室门的开启方向、门洞尺寸、颜色花纹等挑选适合的防盗门。

②门框的钢板厚度应在 2 mm 以上，门体厚度在 20 mm 以上，门体重量在 40 kg 以上，才算符合标准的防盗门。

③可通过拆下猫眼、门铃盒或锁把手等方式检查门体内部结构，门体的钢板厚度应在 1 mm 以上，内有数根加强钢筋，将门体前后板有机地连接在一起。

防盗门

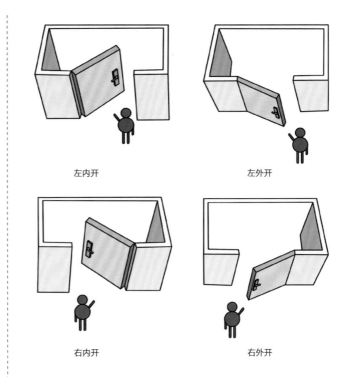

左内开   左外开

右内开   右外开

开门方向识别方法

❶ 门锁
❷ 猫眼
❸ 合页
❹ 门框
❺ 表面处理
❻ 门扇
❼ 密封条
❽ 门槛

防盗门外部结构

● 内衬优质钢板

❷U 形加强筋

❸ 门包边

❹ 加强型防撬门框

❺ 加强型安装片（膨胀螺丝固定板）

❻ 装饰木线条

❼ 加强型侧锁

❽ 木制门板（贴天然木皮）

❾ 大广角猫眼

❿ 固定栓

⓫ 优质播芯防盗锁

⓬ 不锈钢铰链

⓭ 隔声、隔热蜂巢板

⓮ 门扇加厚防撬边

⓯ 隔声密封条

防盗门门体内部结构

④合格的防盗门一般采用经公安部门检测合格的防盗专用锁，在锁具处应有 3 mm 以上厚度的钢板保护。

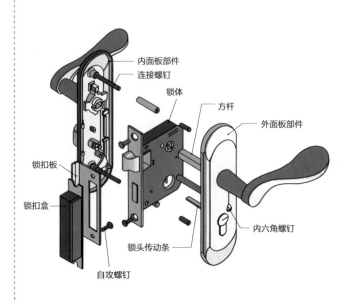

内面板部件

连接螺钉

锁体

方杆

外面板部件

锁扣板

锁扣盒

内六角螺钉

锁头传动条

自攻螺钉

防盗专用锁内部结构

⑤检查工艺质量，查看是否有焊接缺陷，比如开焊、未焊、漏焊等；另外需注意门框与门扇之间是否密实、间隙是否均匀一致，门扇开启是否灵活等。

⑥应对门板表面进行防腐处理，一般是喷漆和喷塑，漆层表面要无气泡，色泽要均匀。

⑦购买防盗门时要注意防盗门的"FAM"标志（防盗门安全标志）、企业名称、执行标准等内容，建议业主到大型家居市场购买符合标准的防盗门。

💡 注意!

安装之后，业主一定要检查钥匙、保险单、发票和售后服务等资料是否与厂家提供的一致，千万不能出现缺少钥匙的情况。

防盗门

门锁的选择

◆ 传统门锁

传统的门锁直接用钥匙打开，优点是开关简易，稳定性强，缺点是防盗安全性相对较低。

💡 **注意！**

选购传统门锁时，一定要选锁芯安全级别最高的 C 级锁。

传统门锁

◆ 智能门锁

智能门锁通过指纹、密码打开，虽没有丢失钥匙的风险，但是市场上鱼目混珠，质量不好的产品也有很多。

💡 **注意！**

半导体指纹锁相对来说安全性高，价格也不是很贵。

智能门锁

4
柜门

板材

◆ 密度板

密度板是由木质纤维合成树脂，在加热加压的条件下压制成的板材。很多定制家具都是密度板的柜门，但是密度板是万万不能做柜体的。

优点： 材质细密，性能稳定，价格也相对较低。

缺点： 不防水、防潮，遇水发胀，握钉力、耐用性不太好。

密度板

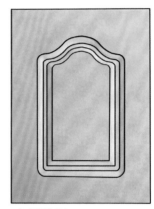

密度板柜门

◆ 免漆板

免漆板就是不用再刷漆的板材。

优点： 环保等级高，质量轻，加工简便，仿真木纹。

缺点： 价格较高。

免漆板

木工板

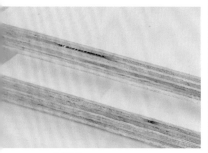
多层板

◆ 木工板

木工板是一种以拼接木板条或空心板作芯板，两面覆盖两层或多层胶合板的板材，适合做柜门。

优点： 平整度好，色差小且不易变形，装饰性也比较好。

缺点： 环保性差、味道刺鼻。

◆ 多层板

多层板是经过水热软化处理技术、高精度微薄木刨切加工技术、遮盖剂使用技术、胶粘剂配方使用技术、表面调色处理技术等一系列先进技术和设备加工而成的板材。

优点： 多层板绝缘，强度大，不易变形，不易曲翘，施工方便。

缺点： 造价高。夹板不如密度板面层光洁，用夹板做基层，表面上再粘贴防火板、铝塑板等饰面板材时，不如中密度板做基层牢固。

样式

◆ 凹凸有致型

这样的柜门非常适合美式和法式的设计，自带线条感，美观大方。

◆ 方正型

这种柜门造型相对传统，比较百搭，很多风格都适用。

凹凸有致型柜门

方正型柜门

◆平滑型

柜门上没有一点纹路，刷好漆后简洁大方，几乎所有的风格都适用。

平滑型柜门

◆色彩多样

通过油漆的色彩变化，给柜门做出造型，以达到装饰空间的效果。

◆木与玻璃结合

这样的组合更加适合书柜或展示柜，相比于开放式的柜体，带门的柜体不容易落灰，打扫方便，颜值也高。

色彩多样的柜门

木与玻璃柜门组合

把手

◆长条型把手
长条型把手的门把手装饰感强，能给单调的柜体增色不少。虽然把手的长度比较长，但深度不深，不容易挂到衣服。

◆纽扣型把手
纽扣型把手的把手小巧玲珑。

长条型把手

纽扣型把手

◆皮质把手
相对于其他的把手，皮质的柜门把手手感要更好。

皮带型

◆内凹型把手

选择内凹型把手就不用担心把手挂着衣服啦。

内凹型把手

◆按压型把手

从表面上看，柜门上是没有把手的，这是因为柜体上安装了反弹器，按压即可打开柜门。

按压型把手

金属把手

◆金属把手

如果比较注重颜值，可以选择现在最流行的金属把手。

平开式柜门

开关方式

柜门的开关方式主要有两种：平开式与推拉式。

◆平开式

在空间允许的情况下，更加推荐平开式，找东西、拿东西都很方便。

选择推拉式的柜门时，如果柜体是三组的，一定要选择三扇柜门，不然中间那组柜体中的东西拿取不易。

◆推拉式

一般只有衣柜用推拉式的柜门，相较平开式柜门，推拉式的柜门占地面积更小，但是无法将柜门全部打开。

推拉式柜门

5
玻璃门

玻璃的种类

用于室内装修的玻璃产品种类有钢化玻璃、夹丝玻璃和夹层玻璃。

◆钢化玻璃

钢化玻璃是将平板玻璃加热，使之接近软化点温度后，快速冷却而制得。这样的操作提高了玻璃的强度和抗冲击性能，破碎后的碎片呈钝角颗粒状，不易刺伤人。

钢化玻璃

夹丝玻璃

◆ 夹丝玻璃

夹丝玻璃就是在两层玻璃内夹一层钢丝网，其耐冲击性能和适应温度剧变的性能都较强，就算破碎也不会有碎片飞落，所以也被称为"安全玻璃"。

◆ 夹层玻璃

夹层玻璃由两片或多片玻璃以及其中夹的一层或多层有机聚合物中间膜构成，经过特殊工艺处理后，玻璃和中间膜永久黏合在一起。

根据中间膜的熔点不同，夹层玻璃又分为低温夹层玻璃、高温夹层玻璃、中空玻璃。此外，夹层玻璃也叫作"夹胶玻璃"。

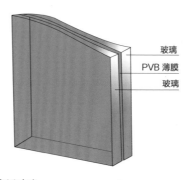

玻璃
PVB 薄膜
玻璃

夹层玻璃

注意！

在购买玻璃时需确保三点：

① 确保玻璃工厂正规，避开小作坊。

② 查看玻璃表面是否有 3C 认证标志。

③ 如果选择钢化玻璃，一定要贴防爆膜。

玻璃表面的 3C 认证标志

玻璃门的优势

玻璃门能在各种材质的门中脱颖而出，自然是有其独特之处的。

淋浴房的玻璃门

◆透光性

玻璃的透光性是别的材质做不到的。玻璃门拯救了多少小黑屋，光线可以没有阻隔地照射进来，让原本阴暗的室内变得明亮开阔。

◆不占空间

众所周知，玻璃门的厚度很薄，在狭小的空间内，它的优势更加显而易见；再加上其良好的透光性，可以让原本不大的空间一下子开阔起来。

◆防水性

卫生间的隔断门基本都是玻璃门，由此可见它的防水性。

◆适用面广

玻璃门不光材质种类多，样式也很多，有平开门、推拉门、折叠门等，适用于各种区域。

 注意！

①不管是做玻璃门还是隔断，最好选择带 3C 认证标志的钢化玻璃。

②若害怕钢化玻璃有爆炸的风险，也可以选择夹层玻璃，也就是夹胶玻璃，就算发生爆炸也不会碎开飞溅。

③在书房或卧室等需要保证安静的空间，除了要将玻璃换成双层中空玻璃或者三层夹胶玻璃，还要配合使用密封条，保证门的密封性。

厨房的玻璃门

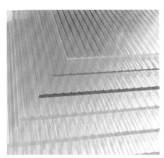

普白长虹玻璃和超白长虹玻璃

 注意!

长虹玻璃的厚度分为
5 mm 和 8 mm，前者适
合做隔断装饰，后者更
适合做门。

若想做夹胶玻璃，可选
择 5 mm 加 5 mm 的组合。

极窄边框和玻璃一样也
有两种尺寸，分别为
8 mm 和 16 mm，可按照
喜好自由选择。

长虹玻璃门

近些年流行的极窄玻璃门的材质都是长虹玻璃。它适合现代、简约、极简、轻奢等风格。

◆ 普白与超白

就美观度来说推荐买超白长虹玻璃，价格也相对更高。如果已经选择了超白长虹玻璃，背后的磨砂玻璃也一定要选超白玻璃，否则功亏一篑，玻璃门的颜色还是会泛绿。

◆ 单层与双层

吊轨门建议使用单层玻璃，这样玻璃门的重量相对轻一点。平开门或推拉门等若需要考虑隐私问题，一般会推荐做成双层玻璃。

◆ 边框材质

单层玻璃的玻璃门边框推荐铝合金材质的。双层玻璃的玻璃门边框推荐硬度较高的材质的，例如不锈钢、铁艺。

浴室玻璃门建议选择双层玻璃的

断桥铝窗与窗台石的选择

封窗、封阳台、装窗台石时如何避坑？都说断桥铝门窗是门窗中的"顶流"，如何选择断桥铝门窗？窗台石的种类有哪些？本节重点介绍了断桥铝窗和窗台石的特点以及注意事项。

1 断桥铝窗

断桥铝的优势

断桥铝是用硬塑充当一座桥，从中间隔断铝合金的材料。使用这种材料做出的门窗保温、隔热性能有很大的提升，并具有以下优势：

①密封性好。

②防结露、防风、防水。

③开启方式多样。

④若与中空钢化玻璃组合，隔声效果更棒。

断桥铝

断桥铝窗户的选择

◆ 窗框

①窗框壁厚度：

窗框壁厚度一般在 1.4 ~ 2 mm，国际标准厚度是 1.4 mm，所以厚度小于 1.4 mm 的就不太建议选择了。

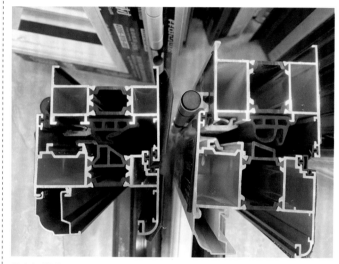

从窗框横截面可看到窗框壁厚度

②窗框厚度。

选窗框时，总会听到商家说"88 系列""108 系列"，这些数字其实就是窗框截面的宽度。"88 系列"即窗框宽度为 88 mm，系数越大，价格也就越贵。

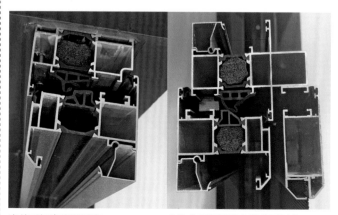

内外平框直接测厚度　　　　内外非平框测最窄横截面厚度

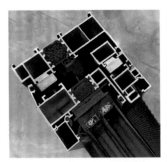

切口光亮平滑

③窗框材质：

选窗框的关键在于选材，优质断桥铝应具备以下特点：表面有光泽，无瑕疵；喷涂颜色均匀自然、有质感；切口光亮平滑。

◆ 玻璃

玻璃一定要认准 3C 认证标志！家装玻璃厚度一般为 5 mm，建议选用双层中空钢化玻璃。如果住宅周边环镜比较热闹，建议选用三层玻璃的断桥铝窗户。

选玻璃要认准 3C 认证标志

 注意！

常规窗玻璃推荐：

双层玻璃： 5 mm+25 mmA+5 mm

三层玻璃： 5 mm+9 mmA+5 mm+9 mmA+5 mm

A 表示中间空气层厚度，其他数字代表玻璃厚度。

◆ 隔热条

①材质：

断桥即隔热条，隔热条材质一般为 PA66 尼龙（聚己二酰己二胺）和 PVC。

PA66 更为优质，硬度更高，不变形，使用寿命更长。

PA66 与 PVC 材质

隔热条形状

②形状：

隔热条有I形、C形和蜂窝形。从保温隔热的性能上来说，蜂窝形更具优势，但价格也更高。

◆ 密封条

密封条一般分为两种：胶条和毛条。

密封胶条用于平开窗，密封毛条用于推拉窗。关于胶条材质的选择，建议使用硅胶材质，柔韧性和弹性都更好。

胶条和毛条

◆ 五金配件

五金是决定窗户使用寿命的关键所在。一般来说，五金的好坏和价格成正比，质量好的，价格就高。

◆ 纱窗

纱窗材质建议采用304不锈钢的，虽然价格稍贵，但坚固耐用，且不易生锈。

五金配件 304不锈钢纱窗

窗户的开启方式

◆平开窗

　　平开窗通过密封胶条把灰尘、噪声等阻隔在外，最大程度地发挥了断桥铝门窗的密封、保温隔热和降噪等功能。

　　平开窗分为外开窗和内开窗。

　　外开窗：不占用室内空间，适用于住在一层、二层的用户。

　　内开窗：开窗幅度大，通风、采光效果好。但是占用室内空间，易造成磕碰。

注意！

四层以上的建筑不建议使用外开窗，断桥铝型材沉，加上高层风压大，有一定的安全隐患。

平开窗

注意！

可以选择与平开方式相结合的上悬窗，功能更多变。

◆平开上悬窗

　　平开上悬窗是目前很多家庭的选择。它既不占用室内空间，又能保证安全，不会造成磕碰。下雨天即便不关窗户，也不会往屋内渗水，但通风效果不如平开窗理想。

平开上悬窗

外开下悬窗

◆外开下悬窗

外开下悬窗既不会占用空间，又使用方便。

它适用于厨房、卫生间等面积不大的空间。尤其是厨房的水槽，一般正处在窗户的下方，若窗户往里开，很可能会被水龙头挡住，因此选用外开下悬窗比较合适。

◆推拉窗

推拉窗造型简洁，不占用室内空间，尺寸也不受限制。视野开阔，通透性和采光性也非常好，但是密封性较差，湿气、灰尘容易进入室内，保温隔热性能不如平开窗。

推拉窗

窗台石的作用

①防止窗户漏雨，保护窗台台面，延长窗台使用寿命（如果是乳胶漆台面，被雨水淋湿后可能会起泡、脱落）。

②不易脏，易打理。

③起装饰作用，提高空间颜值。

窗台石

窗台石材质选择

◆ 瓷砖

瓷砖经常用于装饰墙面、地面，用作窗台石也是可以的。

优点： 价位较低，性价比高，可以用地砖边角料完成。安装便捷，保养简单，造型丰富。

缺点： 有变形、开裂风险，质感不是很好。

瓷砖窗台石

◆木板

窗台石也不一定全是石质材料，也可以是木质的。

优点： 颜值超高，质感温润，用在飘窗台面舒适度高。

缺点： 坚硬度、耐磨性、防腐蚀性、防水效果等都相对较差。

木质窗台石

◆大理石

超有质感的大理石，也是窗台石的预备队员。

优点： 质感好，颜值高，档次高。

缺点： 天然大理石非常脆，后期有开裂的风险。

如果只是想要天然大理石的纹理，可选择人造石或瓷砖，它们可以仿制出类似于天然大理石的纹理。

大理石窗台石 1

大理石窗台石 2

大理石窗台石实景

◆花岗石

优点： 坚硬，耐磨度更高，吸水率低，易打理。

缺点： 花岗石材质纹理分明，很多人觉得不够美观。

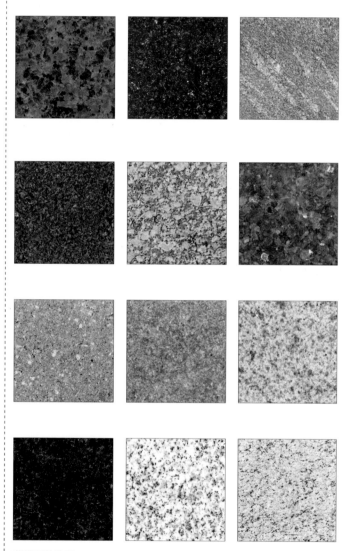

花岗石的纹理

◆人造石

优点： 坚硬，耐磨度高，花纹多，可选择的多，性价比高。

缺点： 花纹不如天然石材精美。

注意！

考虑性价比，就选瓷砖、人造石；考虑高质感，可选大理石、木板；考虑坚硬度，选择花岗石。

人造石窗台石

注意！

①宽度在 1.5 m 以内的窗台可以通铺一块窗台石，颜值高；宽度在 1.5～2.5 m 的，考虑到热胀冷缩，建议铺 2 块。宽 2.5～4 m 的铺 3 块，以此类推。

②窗台石铺贴要平整、水平，接头要严密。

③窗台石应该突出墙面 2 cm 左右，两侧宽于窗洞 2 cm 左右。

窗台石的安装步骤

①基层处理。

②弹线。

③选料。

④预铺。

⑤铺水泥砂浆。

⑥铺窗台石。

⑦养护。